ジアセチル

発酵飲食品製造のキーテクノロジー

■井上 喬

■幸書房

緒　　　言

　本書を手に取られた方は，ビールを含む発酵飲食品に関心のある方で，おそらくジアセチルというものについてもある程度の知識をおもちの方であると思う．しかし，あえてジアセチルについて説明すれば，ジアセチルとは，ほとんどすべての発酵飲食品の品質評価に関係すると言ってもよいほどの，重要な香味成分である．また，新製品開発などのために製造法を変更したり，原料を変えたりすることによって，不快なジアセチル臭が発生したり，必要なジアセチル臭が消えてしまったり，という事件は珍しいことではない．著者がキリンビール（株）において30年間も本研究に関係してきたのもそのような背景があってのことであった．このように，問題となることの多い香味成分であるので，ジアセチルについてよく理解し，その制御を自信をもって行うことができるようになれば，発酵飲食品の製造に関係する読者の，当該知識，技術を発揮できる場面が何回となく現れることは必定である．

　著者は本成分について長年研究をし，その成果を発表してきたが，残念ながらこのように重要なジアセチルについて正確な知識をもち，発酵の制御を自在にできる技術者の数は非常に少ないというのが偽らざる印象である．その理由の一つには，まとまった形でジアセチルについて述べられている報文，あるいは，書物が出版されていないことがあると思う．また，本書の中で詳しく説明するが，多くの研究報文で「ジアセチル」という言葉で表されているものが，他の物質も含んでいたり，実際には他の物質であったりする場合がある（むしろ多いとも言える）ことによるのである．すなわち，「ジアセチルの○○に関する研究」という報文であっても，その実態は，「ジアセチルと何かとの混合物の○○について」，あるいは，「実際にはジアセチルでないものの○○について」，である場合が多いのである．このような状態であるため，その研究報文の内容を正確に理解し活用することは，専門の技術者，研究者にとっても非常に難解である．この状態を何とか改善し，香味的に重要なジアセチルの制御技術をより確実なものとしなければならないというの

が，本問題に責任の一端を担っている著者が出版を志した第一の理由である．

　本書では，まず，第1部 基礎編として，ジアセチルというものについてと，その分析法，および各種微生物によるジアセチル生成の，基礎的事項について説明する．その中で第2章では，多くの研究報文の中で「ジアセチル」と定義されているものがジアセチル自体ではないという，混乱の原因となっている分析法について解説する．第3章では，発酵飲食品製造において酵母，乳酸菌などが深く関与しているジアセチル生成のメカニズムについて述べる．次いで第2部 応用編では，各発酵飲食品製造の場で役立てていただけるように，現行飲食品製造工程中でのジアセチルの生成メカニズムとその制御法について述べる．一部それらが未解明なものについては，著者としての推論をあえて書かせていただいた．今後の研究開発の参考としていただければ幸甚である．また付録として，ビール業界で用いられているジアセチル分析法を例示した．

　最後に「あとがき」として著者のジアセチル研究小史を書かせていただいた．研究の背景を知っていただき，本文の内容を少しでも実感をもって読んでいただくことを期待してのものである．学術参考書としては邪道であろうが，快く賛同していただき，また，完成まで辛抱強く待っていただいた（株）幸書房の夏野雅博氏に感謝したい．また，著者の専門外の分野について資料をご提供くださり，執筆にご援助いただいた多くのかたがたにも感謝したい．

　発酵飲食品の製造や研究に携わる人達に広く本書をご活用いただき，一層関連技術が進展することを祈念したい．そのために，できるだけわかりやすく書いたつもりであるが，ご意見，ご批判をいただければ幸いである．

　平成13年3月

井上　喬

目　　次

第1部　基　礎　編

第1章　発酵飲食品におけるジアセチルの重要性 …………… 3

1.1　ジアセチルとは ………………………………………………… 3
　1.1.1　ジアセチルとその名称 ………………………………… 3
　1.1.2　化学的性質 ……………………………………………… 4
　1.1.3　自然界での存在 ………………………………………… 4
　1.1.4　臭いの性質 ……………………………………………… 4
1.2　各発酵飲食品におけるジアセチル臭の評価 ………………… 5

第2章　ジアセチルと関連化合物の分析法 ………………… 7

2.1　ジアセチルの分析法 …………………………………………… 7
　2.1.1　比色分析法 ……………………………………………… 7
　　（1）ジアセチル分析に利用されている発色反応の特徴 …… 8
　　（2）発色用試料の調製法 ………………………………… 10
　2.1.2　ガスクロマト法 ………………………………………… 11
　2.1.3　その他のジアセチル分析法 …………………………… 12
2.2　共存するアセト乳酸に影響されないジアセチル分析法 …… 12
　2.2.1　アセト乳酸とは ………………………………………… 13
　2.2.2　各種ジアセチル分析法におけるアセト乳酸の妨害 …… 13
　2.2.3　アセト乳酸に影響されないジアセチル分析法 ………… 14
　　（1）試料中のアセト乳酸を除去してからジアセチルを
　　　　分析する試み ………………………………………… 14

　　　　(2) アセト乳酸を安定に保ちつつジアセチルを分離し
　　　　　　定量する方法 ……………………………………… 15
　　2.2.4 アセト乳酸との分別を目指したその他のジアセチル分析法 ‥ 16
2.3 アセト乳酸の分析法 ………………………………………… 17
　　2.3.1 アセト乳酸をジアセチルに変換しての定量分析 ……… 18
　　2.3.2 アセト乳酸の酸化的脱炭酸分解の条件 ………………… 19
　　2.3.3 アセト乳酸の酸化的脱炭酸分解速度 …………………… 21
　　2.3.4 前処理法の簡略化 ………………………………………… 22
　　　　(1) アセト乳酸のジアセチルへの変換に要する時間の短縮 ‥ 23
　　　　(2) 発酵停止処理の簡略化 ……………………………… 23
　　2.3.5 その他のアセト乳酸分析法 ……………………………… 24
2.4 市販試薬の安定性と精製法 ………………………………… 25
　　2.4.1 ジアセチル ………………………………………………… 25
　　2.4.2 アセト乳酸 ………………………………………………… 26
　　2.4.3 アセトイン ………………………………………………… 26
2.5 ジアセチル関連文献を読む際の留意点 …………………… 26
　　2.5.1 同族体の問題 ……………………………………………… 27
　　2.5.2 関連化合物の問題 ………………………………………… 28
　　　　(1) アセトイン …………………………………………… 28
　　　　(2) アセト乳酸 …………………………………………… 28
　　2.5.3 ジアセチル関連データ解読法 …………………………… 29

第3章　各種微生物によるジアセチルの生成 ……………… 33

3.1 酵　　母 ……………………………………………………… 33
　　3.1.1 酵母による発酵の場でのジアセチル生成メカニズム …… 33
　　　　(1) アセトインからジアセチル生成の可能性 ………… 33
　　　　(2) 発酵液中のジアセチルの存在 ……………………… 34
　　　　(3) 発酵飲食品中のジアセチルの由来 ………………… 35
　　3.1.2 酵母細胞によるアセト乳酸の生成 ……………………… 36

　　　　　(1) アセト乳酸の生成経路・・・・・・・・・・・・・・・・・・・・・・・・・・・・・・・・ 36
　　　　　(2) 酵母細胞内でのアセト乳酸生成の調節・・・・・・・・・・・・・・・・ 37
　　3.1.3　酵母によるアセトインの生成・・・・・・・・・・・・・・・・・・・・・・・・・・・・ 38
3.2　乳　酸　菌・・ 39
　　3.2.1　乳酸菌の糖代謝・・・ 40
　　3.2.2　乳酸発酵系におけるジアセチル生成メカニズム・・・・・・・・・ 40
　　　　　(1) アセトインからの生成説の否定・・・・・・・・・・・・・・・・・・・・・・ 40
　　　　　(2) ジアセチル生成経路に関する現在の諸説・・・・・・・・・・・・ 41
　　3.2.3　乳酸菌細胞によるアセト乳酸の生成と調節・・・・・・・・・・・・・ 42
　　　　　(1) 乳酸菌細胞内でのアセト乳酸の生成と調節・・・・・・・・・・ 42
　　　　　(2) 乳酸菌におけるピルビン酸代謝の変動・・・・・・・・・・・・・・ 43
　　　　　(3) アセト乳酸の分解・・・・・・・・・・・・・・・・・・・・・・・・・・・・・・・・・・・ 46
　　3.2.4　ジアセチルのアセトインへの還元・・・・・・・・・・・・・・・・・・・・・・・ 46
3.3　その他の微生物・・・ 46

第2部　応　用　編

第4章　ビ　ー　ル・・・ 49

4.1　ビールにおけるジアセチル関連技術発展の歴史・・・・・・・・・・・・・・ 50
4.2　ビールにおけるジアセチル臭の意義と用語上の注意・・・・・・・・・ 52
　　4.2.1　ジアセチル臭の弁別閾値・・・・・・・・・・・・・・・・・・・・・・・・・・・・・・・ 53
　　4.2.2　ビール業界でのジアセチル用語・・・・・・・・・・・・・・・・・・・・・・・・ 54
4.3　ビール醸造工程でのジアセチルの生成メカニズム・・・・・・・・・・・ 55
　　4.3.1　ビール製造工程・・ 55
　　　　　(1) 原　　　料・・・ 55
　　　　　(2) 糖化工程・・・ 56
　　　　　(3) 発　　　酵・・・ 57
　　　　　(4) 熟成と製品化・・・・・・・・・・・・・・・・・・・・・・・・・・・・・・・・・・・・・・・ 58
　　4.3.2　製造工程中のジアセチルならびにその関連物質の消長・・・・・・ 58

  (1) 前発酵工程でのアセト乳酸の生成・・・・・・・・・・・・・・・・・・・・・ 59
  (2) 前発酵後期からのアセト乳酸濃度の低下・・・・・・・・・・・・・ 63
  (3) 発酵終了後のアセト乳酸の分解・・・・・・・・・・・・・・・・・・・・・ 67
4.4 ジアセチル臭発生の制御 ・・・・・・・・・・・・・・・・・・・・・・・・・・・・・・・・・ 68
 4.4.1 発酵中のアセト乳酸過剰生成の抑制 ・・・・・・・・・・・・・・・・・ 68
  (1) 発酵中のバリン消費し尽くしによるアセト乳酸
    過剰生成の防止・・・・・・・・・・・・・・・・・・・・・・・・・・・・・・・・・・・・ 69
  (2) 抑制された酵母増殖によるアセト乳酸過剰生成の防止・・ 71
  (3) アセト乳酸生成を少なくするための発酵法・・・・・・・・・・ 73
  (4) 変異株の利用・・・・・・・・・・・・・・・・・・・・・・・・・・・・・・・・・・・・ 75
  (5) 遺伝子組み換え株の利用・・・・・・・・・・・・・・・・・・・・・・・・・ 76
 4.4.2 アセト乳酸分解の促進 ・・・・・・・・・・・・・・・・・・・・・・・・・・・・・ 77
  (1) 前発酵後期の冷却開始の延期・・・・・・・・・・・・・・・・・・・・・ 77
  (2) 発酵液加熱による分解の促進・・・・・・・・・・・・・・・・・・・・・ 79
  (3) 分解促進剤による分解の促進・・・・・・・・・・・・・・・・・・・・・ 80
 4.4.3 アセト乳酸分解時のジアセチル生成の抑制 ・・・・・・・・・・ 80
 4.4.4 汚染乳酸菌によるジアセチルの生成 ・・・・・・・・・・・・・・・・ 81
4.5 ジアセチル臭発生事故に際しての原因究明法 ・・・・・・・・・・・ 82

第5章 清　　酒・・・ 87

5.1 清酒の醸造工程 ・・・・・・・・・・・・・・・・・・・・・・・・・・・・・・・・・・・・・・・ 87
 5.1.1 原 料 処 理 ・・・・・・・・・・・・・・・・・・・・・・・・・・・・・・・・・・・・・・・ 87
 5.1.2 発　　　酵 ・・・・・・・・・・・・・・・・・・・・・・・・・・・・・・・・・・・・・・・ 87
 5.1.3 製 品 化 ・・・・・・・・・・・・・・・・・・・・・・・・・・・・・・・・・・・・・・・ 88
5.2 ジアセチルに関する研究の経緯 ・・・・・・・・・・・・・・・・・・・・・・・・・ 88
5.3 清酒におけるジアセチル臭の意義と弁別閾値 ・・・・・・・・・・・・ 89
5.4 ジアセチルの生成メカニズム ・・・・・・・・・・・・・・・・・・・・・・・・・・ 89
 5.4.1 報告されているメカニズム ・・・・・・・・・・・・・・・・・・・・・・・・ 89
 5.4.2 醪中でのジアセチルの消長 ・・・・・・・・・・・・・・・・・・・・・・・・ 90

         (1) 報告されている消長 …………………………………… 90
         (2) 消長の原因と考えられる醪環境の変化 ……………… 90
      5.4.3 上槽後のジアセチル生成 ………………………………… 93
         (1) 上槽による状況の変化 ………………………………… 93
         (2) アセト乳酸の分解によるジアセチルの生成 ………… 93
         (3) 乳酸菌汚染によるアセト乳酸の生成 ………………… 94
         (4) ジアセチルの化学的生成の可能性 …………………… 94
   5.5 清酒醸造におけるジアセチル臭発生の制御 ………………… 94
      5.5.1 醸造工程中でのジアセチル生成の制御 ………………… 94
         (1) アセト乳酸分解に必要な期間の確保 ………………… 95
         (2) アセト乳酸生成の早期終結 …………………………… 95
         (3) 乳酸菌汚染の防止 ……………………………………… 96
      5.5.2 製品からのジアセチル除去法 …………………………… 97
         (1) ろ過（上槽）後の酒でのジアセチル生成制御 ……… 97
         (2) その他の，製品からのジアセチル除去法 …………… 97

第6章 ワ イ ン …………………………………………………… 99

   6.1 ワインの製造法 …………………………………………………… 99
   6.2 ワイン醸造におけるジアセチル生成とその制御 …………… 100
      6.2.1 マロラクティック発酵 …………………………………… 100
      6.2.2 マロラクティック発酵におけるジアセチル生成とその制御 ‥ 102

第7章 食　　　酢 ………………………………………………… 104

   7.1 食酢の種類と製造法 …………………………………………… 104
      7.1.1 食酢の種類 ………………………………………………… 104
         (1) 米　　　酢 ……………………………………………… 104
         (2) 壷　　　酢 ……………………………………………… 105
         (3) 粕　　　酢 ……………………………………………… 105

　　　　(4) リ ン ゴ 酢 ……………………………………………105
　　　　(5) ブ ド ウ 酢 ……………………………………………105
　　　　(6) そ　の　他 ……………………………………………105
　7.1.2　食酢とジアセチル臭 ……………………………………106
　7.1.3　食酢の製造法 ……………………………………………107
7.2　食酢製造におけるジアセチル生成の制御 …………………108
　7.2.1　酢酸菌のジアセチル生成メカニズム …………………108
　　　　(1) アセトインからのジアセチルの生成 ………………108
　　　　(2) 乳酸からのアセトインの生成 ………………………110
　7.2.2　ジアセチル生成の制御 …………………………………111

第8章　発酵乳製品 …………………………………………113

8.1　発酵乳製品とジアセチル ……………………………………113
8.2　発酵乳製品の製造法 …………………………………………113
　8.2.1　チーズの製造法 …………………………………………114
　8.2.2　発酵バターの製造法 ……………………………………115
　8.2.3　その他の発酵乳製品の製造法 …………………………116
8.3　発酵乳製品製造における香りの生成とその調節 …………117
　8.3.1　スターターとして用いられる乳酸菌の種類と特徴 …118
　8.3.2　各種発酵乳製品製造における香りの生成調節 ………119
　　　　(1) 発酵バター，発酵バターミルク ……………………119
　　　　(2) 発酵乳，乳酸飲料，乳酸菌飲料 ……………………120
　　　　(3) スターターディスティレート ………………………121

第9章　その他の発酵飲食品 ………………………………123

付　録　ジアセチル分析の実際 ……………………………124

　方法1. 蒸　留　法 ………………………………………………125

目　次　　　　　　　　　xi

　　方法 2.　ガスクロマトグラフ法 ……………………………………128
　　方法 3.　ガス洗浄法（改変 Micro 法）……………………………132

あとがき：ジアセチル研究にたずさわって………………………139
　1.　研究の開始 ………………………………………………………139
　2.　アセト乳酸の存在の確認 ………………………………………140
　3.　ジアセチル生成メカニズムの解明 ……………………………143
　4.　バリン代謝とアセト乳酸生成との関係の発見 ………………144
　5.　シリンドロコニカルタンクの導入支援 ………………………148
　6.　ジアセチル分析装置の開発 ……………………………………149
　7.　バイオ研究の開始 ………………………………………………150
　8.　エピローグ ………………………………………………………153

索　引 ………………………………………………………………157

ジアセチル

発酵飲食品製造のキーテクノロジー

■井上 喬

第1部　基　礎　編

　この第1部では，ジアセチルという物質についてと，その発酵飲食品の品質上での重要性を説明し，次いで，分析法と，発酵飲食品製造においてジアセチルの生成に関与する微生物について解説する．第2部では各種発酵飲食品製造におけるジアセチル生成制御技術について述べる．

第1章　発酵飲食品におけるジアセチルの重要性

　ジアセチルは非常に強い臭いを有する化合物であり，微量でも発酵飲食品の香味品質に大きな影響を与える．この章ではジアセチルという化合物についてと，その分析や代謝に関与してくる関連化合物について述べる．

1.1　ジアセチルとは

1.1.1　ジアセチルとその名称

　ジアセチルとは，その名の通り，アセチル基が二つ，向かい合ってカルボニル基で結合した化学構造（$CH_3-CO-CO-CH_3$）の化合物である．この構造に基づいて，異なる炭素数のアシル基を持つ同族体とともに，ビシナルジケトン（vicinal diketone）化合物と総称され，VDKと略称されることもある．正式名は，2,3-ブタンジオン（2,3-butanedione）である．

　学術用語集（文部科学省）ではジアセチルとされている．元来外国語であるので，他の呼び方をされる場合もあるが，ジアセチルと呼ばれる場合が多

いので，本書でもそのように使うこととする．しかし，英語では「ア」にアクセントを置いてダイ・アセチル，あるいは，ダイ・アセタィルと発音される場合が多く，近年は日本語でもダイアセチルとの記述も多く使われている．なお，ジアセチルとの表記は，昔使われていた，英語の発音により近いヂアセチルから変化したもののようである．

1.1.2 化学的性質

化学式は $C_4H_6O_2$ で表され，分子量 86，沸点 88℃の，特有の強い臭気を有する黄色の液体である．比重は 18.5℃で 0.981，エタノール，エーテルによく溶ける．100gの水に 15℃で 25g を溶かすことができる．

隣り合ったカルボニル基はアミノ基と容易に縮合する．この反応は比色定量分析に広く利用されている．また，核酸や核たんぱく中のアミノ基とも容易に結合し，変異剤，抗菌剤としての活性もある．

光や強いアルカリや酸の触媒作用により，2両体あるいは3両体に重合する．したがって，市販の試薬は冷暗所に保管し，蒸留により精製してから使用する必要がある．

1.1.3 自然界での存在

ジアセチルは，発酵飲食品の品質に関係する重要な香味成分として，多くの研究報告がある．成因には二つの場合があり，一つはコーヒーなどでの，原料の加熱処理の際に炭水化物の分解により生成する場合と，もう一つは本書で取り上げる，微生物による発酵の際に生成する場合とがある．後者の場合には，炭素数のひとつ多い，2,3-ペンタンジオン（2,3-pentanedione，以下，ペンタンジオンと記す）と共存する場合が多い．

1.1.4 臭いの性質

ジアセチルは，強いバニラ様の匂いを持つ．バター様，チーズ様と表現されることもある．濃度が薄いと，蒸れたような臭いを与える．ペンタンジオンも同様な臭いを呈するが，炭素数がひとつ多い分揮発性が低く，臭いの強さは約 1/5 である．なお，臭いの強さや質は，共存する物質の影響を受け，

食酢中などではジアセチルの臭いはより強く感じられる．すなわち，弁別閾(いき)値(ち)が低い．

　発酵飲食品中で臭いの問題となるジアセチルの濃度レベルは共通してごく低く，0.1 mg/L（1000万分の1）のオーダーであり，酸やエステルで問題となるレベルの100分の1程度である．このことは，飲食品の品質管理，工程管理に際して，ジアセチルを定量分析することの困難さの原因となっている．

1.2　各発酵飲食品におけるジアセチル臭の評価

　ジアセチル臭は乳酸菌が発酵に関与した際に発生する特徴的な香りであり，乳酸発酵を主体として製造される発酵乳製品などではよい香りとして評価される．しかし，アルコール発酵のような乳酸発酵以外の発酵により製造される酒類や食酢などの飲食品では悪い香りとされる場合が多い．

　酒類においては，一般的に，ないほうがよい臭いである．清酒においては，その臭いは「つわり香」，「火落(ひおち)香」と呼ばれ，品質に最も大きく影響を与える異臭とされている．ビールにおいても清涼感を損なう異臭の代表的なものの一つである．「ダイアセチル臭」の他に「むれ臭」，「汚染臭」，などと表現される．ワインにおいては，赤ワインでは4～5 mg/L以下の低濃度の場合には，よい香りを演出する香味成分の一つと位置付けられているが，それ以上の場合には臭いが突出し，特に女性には嫌われる．白ワインでは許容濃度は赤ワインよりも低い．フレッシュさが特徴のシードル（リンゴ酒）ではないほうがよい臭いである．各蒸留酒においても，許容される臭いではない．

　ジアセチルは第3章で詳述するように，乳酸菌が特徴的に生成する香気である．したがって，発酵乳製品においてはその特徴を演出する重要な臭いと位置付けられている場合が多い．しかし，わが国ではあまり強い香りは好まれず，むしろ控えめに演出される．

　発酵バターでは必要な臭いであり，マーガリンにも香味付けのために添加されている．チーズでは，一般的な熟成チーズではそれぞれに特有の熟成臭があり，ジアセチル臭は特に問題とはならないが，熟成せずに製造されるカ

テージチーズ，クリームチーズでは必要な香りである．アセトアルデヒドの香りがフレッシュさを演出するヨーグルトでは，ジアセチル臭はむしろ感じられない方がよい．乳酸飲料などでも同じである．

　食酢でのジアセチル臭は，わが国では「むれ臭」として嫌われる．サラダ用などの場合には特にそうであるが，寿司に用いられる米酢の場合にはわずかな臭いはむしろ好まれる．欧米では，発酵乳製品の強いジアセチル臭に消費者が慣れているせいか，サラダ用でもジアセチル臭の強いものがある．中国の酢も強烈なジアセチル臭のするものが多い．

　ジアセチル臭は発酵臭の代表的なものであり，パンや漬物ではよい意味での発酵臭として要求される場合がある．納豆でも，よい香りの構成成分として評価される．

第2章 ジアセチルと関連化合物の分析法

　一般に文献を読む場合，方法欄に「この分析法で測定したものをジアセチルとして本報文の中では論じて行く」というように書かれているものであるが，読者の方は，よほどの専門家でない限り，それが，他の物質を含まない，ジアセチル自体のことを指しているとの先入観で読んでしまっているのが現実ではないであろうか．しかし，特にジアセチルに関して書かれた文献を読む場合には，緒言でも述べたように，「ジアセチル」と書かれているものが，どの程度厳密にジアセチルだけを指しているかについて注意する必要がある．

　ジアセチルの分析値に影響を与えるものは，アセト乳酸，ペンタンジオン，そしてまれに，アセトインである．したがって，その文献の中でどのような分析法が使われているか，そして，その分析法の特異性についての知識をもって読んでいく必要がある．この章では，その一助となるように，代表的な分析法の特異性を中心に述べる．また，関連化合物の分析の際にも，ジアセチルが合わせて測定されていることもあるので，それらについても述べる．

2.1　ジアセチルの分析法

　ジアセチル分析法のほとんどはその分子内の隣り合った二つのカルボニル基，ビシナルジケトン基の特性を利用している．よく使われている方法は，比色分析法とガスクロマト法である．現在では，リン光分析による方法も提案されている．

2.1.1　比色分析法

　比色分析法は高価な分析機器を必要としない点と，多くの試料を一度に測

表2.1 各種比色分析法に用いられている発色反応の特徴

呼 称[a]	発色原理	感度[b]	精 度	その他
UV法[1]	ジアルキルグリオキシム	高い		習得困難
Broad spectrum 法[4] (Voges-Proskauer 反応)	クレアチンとのオキシムと α-ナフトールの反応	高い	アセトインの影響を受ける アセト乳酸の影響を受けない[c]	ペンタンジオンのジアセチルに対する発色度と臭さの強さが同等
Micro 法[7] (Prill-Hammer 反応)	ジアルキルグリオキシムと 第1鉄との反応	良好	アセトインの影響を受けない	ペンタンジオンも同程度に発色
West 法[12] (Hooreman 法)	ジアルキルグリオキシムと コバルトとの反応	良好	アセトインの影響を受けない	ペンタンジオンも同程度に発色 臭素を使用
Gjertzen(EBC)法[13]	ビシナルジケトンと 0-フェニレンジアミンとの反応	良好	アセトインの影響を受けない	ペンタンジオンも同程度に発色

a) 主としてビール業界での呼称, b) 表2.2参照, c) 試料を直接発色させた場合.

表2.2 各発色反応の感度

	発色法の感度[a]	分析法の感度[a]
UV法[1]	2.4	3
Broad spectrum 法[4]	2.8	1.4
Micro 法[7]	(1)	(1)[b]
West 法[12]	1	
Gjertzen(EBC)法[13]	1.3	1

a) Micro法を1とした場合.
b) 文献11の方法により, 試料 30ml では1.5, 試料 40ml では2となる.

定できる便利さがある.

(1) ジアセチル分析に利用されている発色反応の特徴

　ジアセチル比色分析法の主要なものと，その発色原理などをその特徴とともに表2.1に紹介する．また，それらの感度の比較を，表2.2に示す．
　比色分析法では，ジアセチルとアミノ基をもつ化合物と縮合させて，シッフの塩基の特異な極大吸収波長における吸光度を測定する場合が多い．したがって，同じ感応基をもつ同族体であるジアセチルとペンタンジオンは合わせて測定されてしまう場合が多いことには留意が必要である．しかし，Voges-Proskauer 反応を利用した Broad spectrum 法[2] 以外では，アセトインの妨害はない．分析法の通称は，その分析法が利用される製品の業界ごとに違っている．分析に供される試料は，通常，蒸留，ガス洗浄，水蒸気蒸留

2.1 ジアセチルの分析法

表 2.3 アセトイン含量の異なるビールを Broard spectrum 法[4] で測定した場合の結果の相違

試料記号	アセトイン含有濃度[a] (mg/L)	Broad spectrum 法[4] での測定結果 OD_{530nm}	Micro 法[7] での測定結果 OD_{530nm}
A	1.7	0.06	0.06
B	1.6	0.06	0.05
C	21	0.48	0.04
D	21	0.46	0.04
E	8.6	0.15	0.07

a) アセトイン含有濃度は Westerfeld 法[45] で測定した，ジアセチルを含む値である．

などで，妨害物質の排除や濃縮がなされた上で発色に供される．すなわち，同じ原理の発色法を利用している場合であっても，それらの前処理方法が製品の特性によって異なり，特有の工夫がなされているからである．以下に各発色法の特徴を述べる．

① UV 法[1]：ヒドロキシルアミンと反応させて生ずるジメチルグリオキシムの 235nm の吸収を測定する方法である．発色が簡単で，感度は高く，反応液の pH を 5.5 に調整すれば再現性ある定量が可能であるとされている[2]が，多くの化合物が吸収域をもつ紫外部の吸収を測定するため，試料ごとの対照発色試料を調製せねばならないという不便さがある[3]．

② Broad spectrum 法[4]：非常に鋭敏な反応である（表2.2）．細菌の分類に用いられるアセトイン生成能を検査する Voges-Proskauer 反応を利用した方法で，強アルカリ性の条件下で，クレアチンのグアニジド基がジアセチル分子中のビシナルジケトン基と縮合し，さらに α-ナフトールと縮合して，赤色の色素を生ずる．アセトインを測定するには 30 分間の反応時間が必要であるが，5 分間以内に測定すれば，アセトインの存在にかかわらずジアセチルの測定ができるとして提案された方法である．しかし，アセトイン含量のよほど低い試料の場合でないと，誤差が大きくなる（表2.3）．また，ジアセチルとペンタンジオンの発色程度の比[5]が，臭いの強さの比[6]に近いため，測定値と臭いの強さとの相関がよいという特徴がある．

③ Micro 法[7]：ガス洗浄で濃縮した形で抽出した試料をヒドロキシルアミンと反応させて，生成したジメチルグリオキシムを第 1 鉄イオンでピン

ク色に発色させる，Prill-Hammer 反応[8] で比色定量する方法である．感度にやや難があるため（表 2.2），濃縮された発色用試料を得る必要があり，本分析法はガス洗浄での発色用試料調製法と組み合わされている．蒸留で抽出した発色用試料を Prill-Hammer 反応で発色させる方法が，わが国における公定法となっている[9]．また，著者が改良した，より迅速で感度の高い方法がある[10,11]．

ペンタンジオンはジアセチルと同程度に発色するが，アセトインは発色しない．再現性はよいが，多くの発色用試薬を調製しなければならないめんどうさがある．発色液はリン酸イオン濃度が高いため，濁りを生じやすい点に注意が必要である．第 1 鉄試薬の酸化や，アンモニアを含む試薬の揮発による濃度低下に注意が必要である．

④　West 法[12]：ジメチルグリオキシムをコバルトイオンでピンク色に発色させる．特異性や感度は Prill-Hammer 反応と同様である．臭素水を使うので，操作に不便がある．

⑤　Gjertzen 法[13]：ジアセチルのビシナルジケトン基と o-フェニレンジアミンとを塩酸酸性条件下で反応させて生ずる紫外部の極大吸収を測定する．水蒸気蒸留により抽出時間をより短縮した方法[14] が欧州醸造協会連合会（European Brewery Convention）の公定法[15] として採用されている．発色法の感度は③，④よりやや良い．

⑥　その他：3, 4-ジアミノアニソールと反応させて蛍光分析をする感度のよい方法が，ワイン用に報告されている[16]．感度の非常によい測定法であるので，他の発酵飲食品用への応用が期待される．

(2) 発色用試料の調製法

ジアセチルは臭いの強い化合物であり，各発酵飲食品中で問題となる濃度は mg/L あるいは μg/L のオーダーである．したがって，比色定量分析においては，感度のよい反応を利用する必要がある．それと共に，分析対象試料を濃縮して発色させる場合もある．また，濃縮の手間を省くためにさまざまな工夫がなされている．以下に，発色用試料の調製法について述べる．

①　蒸留法：感度のよい発色法を用いる場合には，蒸留で発色用試料を調製することができる．ゆっくり蒸留することにより，1/8 量程度の蒸留液

を得ることでジアセチルは回収できる[9]．試料が天然物の場合には，アルカリ性条件下の場合，蒸留中に炭水化物の分解によりジアセチルが生成してしまうので注意が必要である[1,17]．

② 水蒸気蒸留法：蒸留に要する時間短縮を目的として用いられる．試料の1/4量の溜分（蒸留液）を集めるので，蒸留の場合以上に感度のよい発色法を利用する必要がある．

③ ガス洗浄法：水分の留出を抑え，ジアセチルを濃縮した状態で回収することをねらった方法である．この方法は納豆のような試料であってもpH4.2としてガス洗浄に供することにより発泡を抑制でき，使用可能である．酒類の試料の場合には，アルコールの蒸気による蒸留のような状態となり，ジアセチルの回収効率はよいが，同時に多量のアルコールが回収されてくる．ジアセチルをオキシム化などにより不揮発性とした後，アルコールを揮散させれば濃縮効率は高くなる[10,11]．

回収に時間を要するという欠点に対しては，ガス洗浄装置を直列に連結し，10以上の試料を一度に処理する仕組みも提案され，そのための装置も考案されている[18]．

④ 結合型ジアセチルの遊離法：ワインなど亜硫酸を含む試料中ではジアセチルは亜硫酸との結合型で存在する．この化合物は安定ではなく，製品化後にジアセチルが遊離されてきてジアセチル臭を呈するようになることがわかっている．結合型のジアセチルを測定する場合には，過剰のアセトアルデヒドを添加して結合を置換させる方法[19]や，塩酸で酸性にする方法[20]が提案されている．

2.1.2 ガスクロマト法

ガスクロマト法では，検出器の前に設置されたガスクロマトカラムによってジアセチルとペンタンジオンが分離されるので，分別定量が可能である．検出器としては，電子捕獲式検出器（electron capture detecter）が専ら用いられている[21]．この検出器は，ジアセチル分子内のビシナルジケトン基の親電子性を利用して電位の変動を測定する．この方法は非常に鋭敏であるので，試料を密閉容器内に入れ，一定温度に保って気液平衡状態をつくらせ，

気相の一部を分析に供するヘッドスペース法が一般的に用いられている．内部標準物質としては2,3-ヘキサンジオンが使われる．この方法は妨害物質が少なく，分析時間も短く，感度も比色法の約10倍と高く，現在わが国の公定法にもなって[22]広く使われている．ガスクロマト法では，比色法のように多くの試料を一度に測定することはできないが，オートサンプラーを取り付けることにより，それも可能となる．

しかし，電子捕獲式検出器に放射性物質を含むため，管理を厳重に行うとともに，検出器内部を汚さぬよう，カラムを空焼きする際には検出器との接続を外すなど，正しい使用法が求められる．

2.1.3 その他のジアセチル分析法

リン光検出器をつけた液体クロマト法による方法が報告されている[23]．この方法の感度は1 μg/Lとのことで，ガスクロマト法よりはるかに高い．さらに試料のよいクリーンアップ法が確立されれば，液体試料のまま分析が可能となるので，研究上，あるいは製造工程上での管理に有力な手段となるであろう．

2.2 共存するアセト乳酸に影響されないジアセチル分析法

発酵飲食品中にジアセチルと共存することの多いアセトインは，比色定量の中で用いられる化学的な処理によりジアセチルに転換し，ジアセチルの分析値に影響を与えることがある．しかし，多くの発酵飲食品の醪(もろみ)中にはアセトイン以外のより不安定な化合物が存在し，ジアセチル測定用の試料調製操作の中でも分解してジアセチルを生じ，測定値に影響を与えることが知られている．その化合物がアセト乳酸であることは1960年代の末に明らかとなった[24]．

アセト乳酸は，単にジアセチル分析の妨害物質であるばかりでなく，多くの発酵飲食品においてジアセチルの前駆体であり[25]，ジアセチル生成制御のためにそのもの自体を測定する必要性も高い．しかし，このことはまだあまり広く認識されておらず，多くのジアセチル分析法に関する研究において，

ペンタンジオンやアセトインとの分別定量やそれらの影響は検討されていても，アセト乳酸の影響はあまり調べられていないのが現状である．2.1.3 の液体クロマト利用の方法においても調べられたデータが示されていないのは，この方法により，他の方法

$$CH_3-\underset{\underset{OH}{|}}{\overset{\overset{COOH}{|}}{C}}-CO-CH_3$$

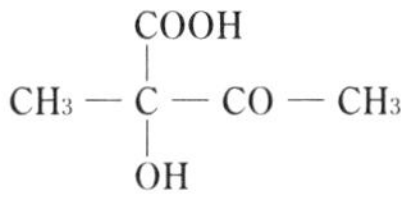

図 2.1　アセト乳酸の化学式

では不可能なジアセチルとアセト乳酸の分別定量ができる可能性があるだけに，残念なことである．そこでこの節では，アセト乳酸が存在する試料中のジアセチルの分析法について特に詳しく述べることとする．

2.2.1　アセト乳酸とは

アセト乳酸は，ピルビン酸と活性アセトアルデヒドからの生成物として，1948 年に初めて自然界での存在が確認された物質（図 2.1）である[26]．しかし，非常に不安定な化合物であるので，いまだにそのままの形で自然界から抽出，精製されたことはない．その存在は，誘導体や，化学合成品との性質の比較で明らかにされているのみである．このような化合物であるため，その化学的性質，特に天然物中での挙動についてはまだよくわかっていない部分がある（2.3，2.4.2 参照）．

発酵飲食品の醪中には，多くの場合アセト乳酸の同族体であるアセトヒドロキシ酪酸が共存している（表 2.14 参照）．

2.2.2　各種ジアセチル分析法におけるアセト乳酸の妨害

各種の比色法ならびにガスクロマト法によるジアセチル分析の際に，アセト乳酸の存在がどの程度分析結果に影響を与えるかについて調べた例を表 2.4[27] に示す．この例はアセト乳酸を添加したビール中のジアセチルを測定した場合であるが，いずれの場合にも，アセト乳酸添加量に応じた測定値の増加が見られており，アセト乳酸がジアセチル分析を顕著に妨害することが明らかである．

アセト乳酸はアルカリ性条件下では安定な化合物であり，かつ，不揮発性であることから，ジアセチル分析でのアセト乳酸の妨害は，発色反応あるいはガスクロマト法での電子捕獲式検出器での妨害ではなく，分析用試料の調

表 2.4 分析用試料調製法の違いによるアセト乳酸より生ずるジアセチルの割合(%)[27]

アセト乳酸添加濃度 （ジアセチル相当 mg/L）	蒸留法[a]	ガス洗浄法[b]	ヘッドスペース法[c]	減圧蒸留法[d]
0	0	0	0	0
0.2	95	70	5	10
0.5	96	70	6	6
1.0	97	70	5	12

a) Prill-Hammer 法[8]，b) Micro 法[7]：60℃，2時間，c) ガスクロマト法：40℃，1時間
d) 30℃，1時間

製段階での妨害物質の生成によると考えられる．そして，その妨害物質は，発色法ならびにガスクロマト法がアセトインには影響されない方法であることから，アセト乳酸の分解により生成したジアセチル自体であることがわかる．

2.2.3 アセト乳酸に影響されないジアセチル分析法
(1) 試料中のアセト乳酸を除去してからジアセチルを分析する試み

アセト乳酸は酸性条件下で炭酸ガスを放出して分解し，アセトインを生ずる．この際，酸素の吸収はない，すなわち，酸化的脱炭酸反応が起こりジアセチルの生成はない，とアセト乳酸を合成しその性質を調べた Krampitz[26] は，述べている．これに基づき，生体内での酵素的反応を調べている多くの研究報告では，アセト乳酸を酸により分解し，アセトインとしてから測定している[28]．

Krampitz のこの方法を，発酵飲食品試料を対象としたときの，共存するアセト乳酸に妨害を受けないジアセチル分析に適用できないかと検討された結果が，表 2.5 [29] に示すものである．緩衝溶液中では確かに，酸性（pH2）条件下でアセト乳酸からジアセチルの生成はほとんど見られていないが，麦汁中では添加アセト乳酸の2割程度がジアセチルとして定量されており，この方法は麦汁中のジアセチルの分析法としては使えないことがわかる．麦汁の加熱処理条件を変更することにより，アセト乳酸からジアセチルの生成割合をある程度低下させることはできるが（表2.6），緩衝溶液中の程度にまで低下させることはできない．

2.2 共存するアセト乳酸に影響されないジアセチル分析法

表 2.5 pH2 で加熱した場合のアセト乳酸からの
ジアセチルの生成[29]

アセト乳酸添加濃度	ジアセチルとしての測定値(mg/L)	
(ジアセチル相当 mg/L)	緩衝溶液中	麦汁中
0	0.00	0.04
0.34	0.01	0.10
0.68	0.04	0.17

表 2.6 酸処理の際の加熱条件によるアセト乳酸からの
ジアセチル生成割合の変化[29]

加熱条件	60℃までの昇温に要した時間(分)	ジアセチル生成割合(%)
ゆっくり加熱	約30	57
60℃の湯浴に浸す	約10	33
沸騰湯浴に浸す	1.7	27

注) 0.83mg/L のアセト乳酸を含む麦汁発酵液を pH2 として, それぞれの条件で処理.

(2) アセト乳酸を安定に保ちつつジアセチルを分離し定量する方法

前項の方法とは逆に, 著者らは試料中のアセト乳酸を安定に保ちつつジアセチルを分離し, 分析する方法を検討し, 考案した[24]. この方法では, アセト乳酸が中性, あるいは, アルカリ性条件下では安定なことを利用して, 試料を中性に保ち, 低温下でジアセチルを減圧蒸留法により分離する. その間のアセト乳酸の安定性について, 各 pH 値ごとに調整したビールにアセト乳酸を添加し, 一定温度に保って調べた. アセト乳酸の分解割合は表 2.7 のようであり, 減圧蒸留に要する時間が 1 時間程度であることを考えると, 20℃以下の温度では, 分解率を 1 %以下に抑制することが可能であることがわかる. これに基づいた分析法で測定されたジアセチルの定量値は, アセト乳酸の添加量にかかわらず変わらなかった (表 2.8). なお, この方法では, 減圧蒸留により揮散させたジアセチルを定量的に捕集することは不可能なため, 減圧蒸留処理前後の試料を自動酸化処理してアセト乳酸をジアセチルに変換し (2.3 参照), その含量の差からもとの試料中のジアセチル濃度を測定している.

表2.7 各pH条件下でのアセト乳酸の分解割合（1時間当たり）

	pH 4.3	pH 6.0	pH 7.0	pH 8.0	pH 9.0
20℃	3.8		0.5	0.8	0.6
30℃	11	4.4	2.3	2.4	2.4
40℃	34		6.9	6.4	6.4

注）炭酸ガスを除いた後，各pHに調整したビールにアセト乳酸をジアセチル相当1mg/L添加し，20℃の場合には9時間，30℃の場合には7時間，40℃の場合には5時間保温後，減圧蒸留し，残留液中のアセト乳酸を，好気的，pH4.2の条件下で60℃，30分間加熱し，ジアセチルに転換後Micro法[7]でその濃度を測定し，1時間当たりの分解割合を算出した．なお，減圧蒸留中の分解は無視した．

表2.8 アセト乳酸存在下でのジアセチルの測定結果

アセト乳酸添加濃度	アセト乳酸＋ジアセチル測定値[a]	アセト乳酸残存濃度[a]	ジアセチル算出濃度
0	0.03	0.00	0.03
0.14	0.19	0.16	0.03
0.34	0.36	0.33	0.03
0.68	0.71	0.68	0.03

a）試料のpHを4.2とし，空気と十分に接触させ，60℃，30分間の加熱処理（表2.9参照）を施した後に，Micro法[7]で測定した．

2.2.4 アセト乳酸との分別を目指したその他のジアセチル分析法

Juni [28]はVoges-Proskauer反応の条件がアルカリ性であり，その条件下ではアセト乳酸が安定であることを利用して，無処理の試料でジアセチルを，酸処理でアセト乳酸をアセトインに分解してから測定を行っている．しかし，発酵飲食品の場合，試料中のアセトインの濃度（表2.3参照）は場合によってジアセチルの濃度の数十倍にも達するので，誤差が大きく，この方法は発酵飲食品試料には使えない．

HaukeliとLie [30]やWhiteとWainwright [31]は，ヘッドスペース・ガスクロマト法において，試料溶液を中性にして保温し，アセト乳酸の分解しない状態で試料ガスを採取し，ジアセチルを測定することを提案している．しかし，たとえ中性の条件下であっても温度が高いとアセト乳酸の分解は起こる（表2.7）．そのためか，これらの方法で測定した場合，本来ジアセチルが存在しないはずの活性度の高い酵母が存在する発酵液中でもジアセチルの存

稲橋ら[32]はジアセチル，アセトイン，アセトアルデヒドを2,4-ジニトロフェニルヒドラジンの誘導体として，液体クロマト法で分別定量する方法を提案している．しかし，誘導体化処理の際に分解しやすい[33]アセト乳酸が安定であったかどうかについては確認されていない．

SpeckmanとCollins[34]は，塩析クロマト法を用いてのジアセチル，アセトイン，ブタンジオールの分別定量において，アセト乳酸は樹脂カラムに吸着して溶出されないので分別可能であると述べているが，実際にはアセト乳酸は測定されていない．樹脂カラムへの吸着時にアセト乳酸の分解が起きなければ分別できる可能性がある．Ronkainenら[19]も，重炭酸塩型アニオン交換樹脂でジアセチルとアセト乳酸を分離し，ジアセチルを測定している．この場合，アセト乳酸を1/2飽和の重炭酸ソーダ（pH8.5）で溶出し，40℃で20〜24時間保温してジアセチルに分解した後，ヘッドスペース・ガスクロマト法で測定している．しかし，この条件下でのアセト乳酸からジアセチルの生成率は1/10以下であり，精度に疑問が残る．最近，小林ら[35]もアニオン交換樹脂でアセト乳酸を取り除いた後にジアセチルを測定する方法を発表している．

Baumannが提案した液体クロマト法[23]では，試料の前処理，ならびに分離カラム通過中にアセト乳酸の分解が起こらなければ，ジアセチルとの分離定量が可能なはずである．この点が検討され，よりよい分別定量法が確立されることを期待したい．

2.3 アセト乳酸の分析法

1960年代に入り，アセト乳酸が発酵飲食品においてジアセチルの前駆体であるということが判明したため，ジアセチルの生成制御のためにはアセト乳酸をも測定する必要が出てきた．その分析法としては，アセト乳酸を酸により分解し生じたアセトインを測定する方法が広く用いられているが，発酵飲食品試料の場合には，その分解の際にジアセチルの生成が起こり，また，共存するアセトインの濃度が高いため不適であることは前述した．

表2.9 60℃, 30分間の加熱前処理(pH4.2, 好気的条件下)を行った場合のアセト乳酸のジアセチルへの定量的変換

	前処理なし	前処理あり
緩衝液の場合	57%	93%
ビールの場合	65%	102%

注) 各試料溶液を pH4.2 とし，よく振盪して空気と接触させた後，ジアセチル相当 1.22mg/L のアセト乳酸を添加し，それぞれ前処理を行い，Micro 法[7]によるジアセチル分析に供した．

以下では主としてビールあるいは発酵中の麦汁の分析のケースについて述べるが，他の醸造飲食品においても酸性の天然物中という点では似通っているので，応用できる分析法であろう．ただし，酸性度は対象によって違い，かつ，反応に大きな影響を与える因子であるので，特に留意が必要である．

2.3.1 アセト乳酸をジアセチルに変換しての定量分析

ビールの場合には，好気的にしたビール中で加熱処理すると，アセト乳酸が定量的にジアセチルに変化すること[24]（表2.9）を利用して，ジアセチルとして定量する方法がとられている．この処理の際の，アセト乳酸のジアセチルへの変換率については100%ではないとの批判がいろいろあるが[30,31]，その批判のほとんどが高濃度のアセト乳酸を用いて変換させており，発酵液中に存在する 1～2mg/L 程度の濃度であれば 100% の変換が可能である[32]．

ジアセチルが共存すると合わせて測定されてしまうが，分別定量の必要な場合には，アセト乳酸を安定に保ち得る中性条件下での減圧蒸留によりジアセチルを除去した後，もとの pH（4.2）に戻し，残存するアセト乳酸を好気的条件下で加熱処理してジアセチルとし，定量すればよい．

また，発酵中の麦汁を試料とした場合には，緩衝液中の場合と違って，アニリン塩酸で処理することによりアセト乳酸がアセトインに変化せず，定量的にジアセチルに変化するとの報告がある[36]．

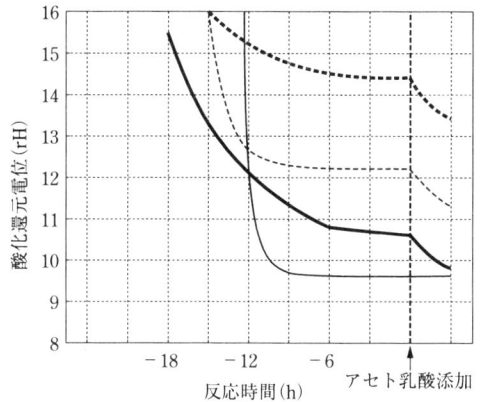

図 2.2 アセト乳酸の酸化的脱炭酸分解が起こる
酸化還元電位
——：リボフラビン，——：グルタチオン
-----：アスコルビン酸，-----：ナイルブルー

2.3.2 アセト乳酸の酸化的脱炭酸分解の条件

Krampitz[26] は，アセト乳酸のジアセチルへの変換は酸化的脱炭酸反応であり，ジアセチルの生成は起こらないと述べているが，それが起こり得ることは de Man[37] により 1959 年に証明された．酸化剤として何が働いているかについては厳密な検討はなされていない．しかし，リン酸カリ緩衝溶液中でもジアセチル生成が起こる（表 2.9）ところから，溶存酸素も酸化剤として働いているのではないかと考えられる．

酸化還元色素を用いた実験では，当該反応の限界酸化還元電位はほぼ rH10 という，非常に低い値が測定されている（図 2.2）[38]．それ以上の環境では，電位に応じた比率でのジアセチルとアセトインへの分解が起こる（図 2.3）[39]．両方向への分解の速度が同じであること（表 2.10）[40] から，分解の引き金は温度や pH 条件であり，そこに酸化剤が存在するとジアセチルが生成し，存在しないとアセトインが生成すると考えられる．

しかし，この rH10 という電位は非常に低い電位であるので，嫌気的条件下にあった発酵中の半製品試料であっても，試料採取や菌体除去のためのろ過や遠心分離操作の間に空気に触れると，アセト乳酸がほぼ 100 ％ジアセチ

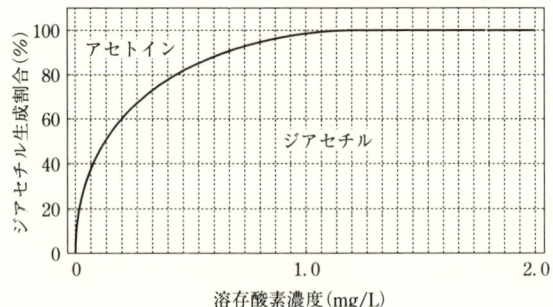

図 2.3 溶存酸素濃度に応じたアセト乳酸からのジアセチルとアセトインの生成比率

表 2.10 好気的,嫌気的条件下での,ビール中でのアセト乳酸の分解速度(1/時間)[40]

温 度(℃)	好気的条件下[a]	嫌気的条件下[b]
2	0.003	0.004
10	0.008	0.010
30	0.10	0.09
40	0.36	0.29
50	1.4	1.3
60	4.7	4.5
70	11.0	10.9

a) 溶存酸素濃度 > 1mg/L,分解生成物はジアセチル.
b) 溶存酸素濃度 < 0.1mg/L,分解生成物は70~80%がアセトイン.

表 2.11 前処理条件の際の空気との接触程度によるアセト乳酸のジアセチルへの分解割合の変動

前処理条件の際の空気との接触程度	ジアセチル測定値(OD_{530nm})
炭酸ガスで満たした容器中で加熱処理	0.089
ガス置換しない容器中で加熱処理	0.088
ガス置換しない容器中でよく振盪攪拌後,加熱処理	0.089

注)発酵中の麦汁をタンクより炭酸ガスを満たした容器にとり,同じく炭酸ガスで満たした遠心分離管に移して遠心分離して酵母を除き,上澄液をそれぞれの容器に取り処理後,60℃,30分間の加熱処理を経てMicro法[7]でジアセチルを測定.

2.3 アセト乳酸の分析法

表 2.12 各アセトヒドロキシ酸の8℃での分解速度定数（1/日）

	pH 4.0	pH 4.2	pH 4.3	pH 4.5
麦汁発酵液中				
アセト乳酸	0.30	0.20	0.18	0.13
アセトヒドロキシ酪酸	0.29	0.21	0.18	0.14
リン酸カリ緩衝液中				
アセト乳酸	0.31	0.22		0.12
アセトヒドロキシ酪酸	0.33	0.23		0.13

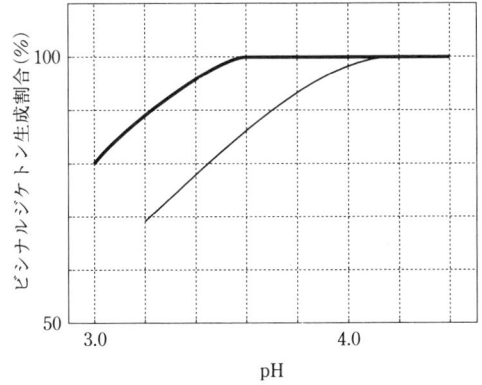

図 2.4 アセト乳酸とアセトヒドロキシ酪酸の各pHにおける対応するビシナルジケトン生成割合

━━：アセト乳酸, ───：アセトヒドロキシ酪酸

ルへ分解される状態となる（表2.11）．

なお，pH4.2，60℃での加熱処理によりアセト乳酸のジアセチルへの転換がなされる際に，溶存酸素のみが酸化に働くと仮定して，酸化され得るアセト乳酸の濃度を算出してみると，その濃度はジアセチル相当13mg/Lとなる．したがってこの条件下でアセト乳酸を測定する場合には，試料中のアセト乳酸濃度がこの限度以下であることをあらかじめ確認しておく必要がある．

2.3.3 アセト乳酸の酸化的脱炭酸分解速度 [41]

アセト乳酸が（酸化的）脱炭酸分解をしてジアセチルを生成する反応は

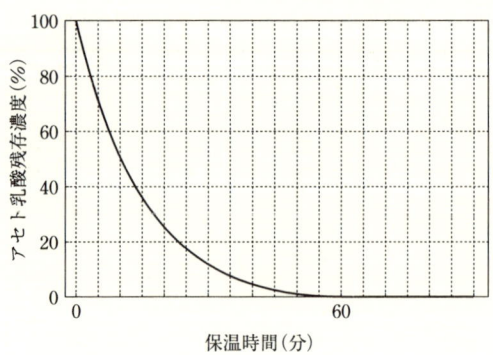

図 2.5 ビール (pH4.3) 中, 60℃ でのアセト乳酸の
分解の様子

1次反応である．速度定数は pH によって異なり，酸性であるほど大きくなる（表2.12）．pH が4以下になると，好気的条件下であってもジアセチルの生成割合が低下する（図2.4）[27]．この理由はイオン化したアセト乳酸の存在割合が低下するためと推定されている．

分解速度は，ビールの pH4.3 の条件下では図2.5の通りであり，速度定数は $\log k$ (1/日) $= 0.06 \theta - 1.22$ である（θ は温度，℃）[41]．すなわち，温度10℃の上昇により約3.5倍に加速され，60℃では約60分間の加熱でアセト乳酸のジアセチルへの分解は事実上完了する[27]．

2.3.4 前処理法の簡略化

アセト乳酸は多くの発酵飲食品においてジアセチル生成の前駆体であるので，その簡便な分析法が望まれている．アセト乳酸をジアセチルとしてから定量する方法をとる場合には，比色分析法における水蒸気蒸留法，ガス洗浄法での複数試料同時処理，あるいは，ガスクロマト法におけるオートサンプラーの装着などにより，迅速化，省力化がなされている．しかし，試料採取からジアセチルに転換させるまでの間に，発酵を停止させる処理，ならびに，アセト乳酸のジアセチル化という処理が必要である．そこで，麦汁発酵液試料の分析に際して，これらの処理の簡略化のために工夫されている例を紹介する．

(1) アセト乳酸のジアセチルへの変換に要する時間の短縮

製品ビール，あるいは，麦汁発酵液を試料とする場合には，アセト乳酸濃度は1 mg/L以下，pHは約4.2であるので，遠心分離により酵母を沈降させた上澄液を採り，振盪させてガス抜きすることにより，ジアセチル化に十分な好気的条件にすることができる．この上澄液は，2.3.3で述べたように，60℃では約60分間の加熱により事実上100％ジアセチルに変換させることができる（図2.5）．

この際，この加熱処理を行わないでジアセチル分析を行うと，アセト乳酸のジアセチル化が完全には進行せず，方法によりさまざまな分析値が得られることは表2.4で示した通りである．しかし，不完全ではあるが幾分かは進行するということは，その分だけ60℃で60分間の前処理を短縮してもかまわないといえる．蒸留法でジアセチルを抽出した場合には，前処理なしで100％近い測定値が得られている（表2.4）．前処理なしで約70％のアセト乳酸のジアセチル化が進行すると推定される[24]．ガス洗浄法の場合には，反応速度上からは数分の前処理で十分であると算出されるが，上澄液の60℃までの昇温に要する時間を考慮すると20〜30分間の加熱処理が必要となる．90℃でのガス洗浄の場合には10分間で十分であるとのデータもある[10]．水蒸気蒸留法でジアセチルを含む溜分をとる場合，その際の温度と時間はアセト乳酸の変換に十分であると思われるが，80％程度の測定値しか得られない[42]．恐らく，吹き込まれる高熱水蒸気により急激に溶存酸素が除去されてしまうためと推定される．この場合にも10分間程度の前処理をすれば十分であろう．

2.3.1で述べた，アニリン塩酸での処理でアセト乳酸をジアセチルに転換する方法[26]が，加熱処理よりも短時間で行い得れば，常温でよいとされているだけに分析の簡便化に役立つであろう．

(2) 発酵停止処理の簡略化

工程管理のためなどに発酵飲食品の半製品試料を分析に供する場合，発酵を停止させるために菌体を除去する必要性が生じてくる．この操作は試料採取後直ちに行われないと，発酵の進行による誤差の原因となる．また，採取に伴う状況変化（酸化還元電位の上昇など）により，発酵中とは全く別の反応

表 2.13 モノヨード酢酸添加による麦汁発酵液(酵母含有)中の
アセト乳酸濃度とジアセチル濃度との和の変化

モノヨード酢酸濃度(%)	アセト乳酸＋ジアセチル濃度の減少(%)
0.4	1
0.2	−1
0.1	0
0.033	2
0.01	7
0.0033	38

注) 8×10^6/ml の酵母濃度の麦汁発酵液にモノヨード酢酸を添加し,室温で4日置いた後,60℃,30分間の加熱前処理を経て Micro 法[7]でジアセチル濃度を測定.

が開始されてしまうことも考えられる.

　この処理の簡略化のために,微生物菌体を除去せずにその活性を停止させてしまい,そのまま分析に供するまで保存し,その間にアセト乳酸のジアセチル化も済ませてしまう方法が提案されている[43].この方法ではそのための試薬として 0.1％のモノヨード酢酸が使われており（表 2.13）,酵母によるアセト乳酸の生合成反応とジアセチルの還元反応の両者を停止させ得る試薬である.食品工場で使用しても問題とならないもので,かつ,その後に行われるジアセチル分析法を妨害しないものであれば,他の薬品も使用できるであろう.

2.3.5　その他のアセト乳酸分析法

　Juni と Heym[44] は,アセト乳酸を水素化ホウ素還元,過ヨウ素酸分解,次いでヒドラジンとのオキシム化後抽出し定量する方法を考案している.この方法ではジアセチルとの分別は可能であるが,アセト乳酸の発酵飲食品中の存在濃度が低いだけに,試料中に共存する他のヒドロキシカルボン酸による妨害が懸念される.

　試料中のアセト乳酸を簡単な方法で直接的に測定する方法はいまだ開発されていない.ジアセチルの前駆体としても重要な化合物であり,飲食品製造の工程管理のために測定する必要性の高い化合物であるだけに,簡便な方法

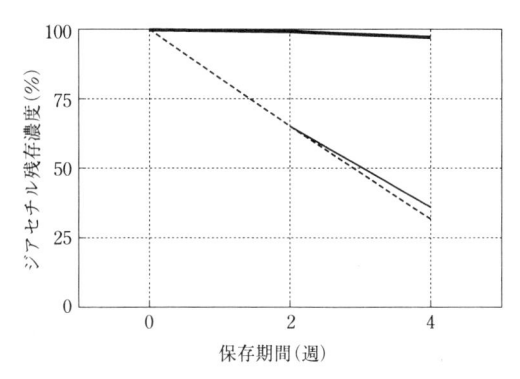

図 2.6 ジアセチル水溶液の保存安定性
―――：室温・暗所，　-----：室温・明所
―――：冷蔵庫内・暗所

2g/L の水溶液をガラスびんに入れ，明所の場合は実験室の薬品棚に，暗所の場合はびんをアルミフォイルで包んで同所に置いた．保存後適当に希釈後，Micro法[7]で発色させジアセチルの残存割合を算出した．

の開発が期待される．

2.4　市販試薬の安定性と精製法

2.4.1　ジアセチル

　市販試薬は重合して2量体，3量体となったジアセチルを含んでいる可能性がある．著者の経験ではそれらを1/3程度も含んでいた試薬があった．蒸留により精製して用いる．沸点は88℃であるが，湯浴では加熱が不十分であり，油浴を用いる必要がある．臭気が強いのでドラフト内で行う．ペンタンジオンやガスクロマト分析において内部標準物質として用いる2,3-ヘキサンジオンについても精製法は同様である．必要により蒸留を繰り返す．純度は，ガスクロマト法により確かめる．

　冷暗所に保存するのが望ましく，図2.6に保存安定性についての実験例を示す．

2.4.2 アセト乳酸

アセト乳酸の試薬としては，その誘導体であるアセトキシエチルエステルが市販されており，これを，窒素ガス雰囲気中で2当量以上のアルカリで加水分解して，酢酸ソーダとエタノールを含む水溶液の状態で用いる[26]．中性ないしアルカリ性では安定であるとされているが，空気中の炭酸ガスを吸収して酸性化することも考えられるので，使用のつど調製することをおすすめする．加水分解は室温で1時間で終了する．

市販のアセトキシエチルエステルも，そのまま使用するのではなく，そのベンゼン溶液に水を加えてよく振って洗浄し水層が中性であることを確認後，蒸留して精製してから用いることが望ましい．なお，著者の調べたところでは，アセト乳酸と，アセトヒドロキシ酪酸のアセトキシエチルエステルの沸点は Krampitz による文献値[26]とやや異なり，それぞれ9mmHg で，前者は 103～104℃，後者は 113～114℃であった．

2.4.3 アセトイン

アセトインの市販試薬は光化学反応により生成したジアセチルを含み，その強い臭いをもっていることがある．場合によっては黄色に着色している．金属亜鉛を添加して結晶化させてから，エーテルでジアセチルをよく洗い去り，蒸留により精製する．

2.5 ジアセチル関連文献を読む際の留意点

ジアセチル分析の際に，類縁化合物，特にアセト乳酸がしばしば結果に影響を与えることについては述べてきた．発酵飲食品中のジアセチルはその存在濃度が低く，また，類縁化合物が多い．そのため，しばしば他の化合物も含んだものとして話されたり，はなはだしい場合には他の物質がジアセチルとして語られる場合もあり，そのためにジアセチルに関する正確な理解が阻まれている，と言っても過言ではない．したがって，本節でその点についてまとめて述べておく．ジアセチルとその類縁化合物を表 2.14 に示す．

表 2.14 ジアセチルとその類縁化合物

ジアセチルとの関連	ジアセチル関連化合物	左の同族体
本体化合物	ジアセチル CH₃COCOCH₃	ペンタンジオン CH₃CH₂COCOCH₃
前駆体	アセト乳酸 COOH | CH₃CCOCH₃ | OH	アセトヒドロキシ酪酸 COOH | CH₃CH₂CCOCH₃ | OH
還元体	アセトイン CH₃CHCOCH₃ | OH	エチルアセチルカルビノール CH₃CH₂CHCOCH₃ | OH
関連アミノ酸	バリン COOH | CHCH(CH₃)₂ | NH₂	イソロイシン COOH | CHCH(CH₃)(CH₂CH₃) | NH₂

注)ボールド体:「トータルジアセチル」という場合に含まれる化合物.

2.5.1 同族体の問題

乳酸菌による発酵飲食品中には無視し得るほどの含量でしか存在しないが,酵母による発酵飲食品中にはほとんどの場合ジアセチルとともに,ペンタンジオンが有意な濃度で存在する.化学構造的には,ジアセチルの二つのメチル基のうちの一つがエチル基に置き換わったものである.分子量は100,沸点106〜110℃の黄色の液体である.アセチルプロピオニルとも呼ばれる.

臭いの質はジアセチルと同様であるが,その強度は沸点が高いため約 1/5 である[6].ジアセチルと同じくビシナルジケトン基を有しているので化学的性質はほぼ同じであり,ほとんどの比色定量分析ではジアセチルとして測定されてしまう.そのため,ジアセチルという言葉の中に含まれて語られることが多い.しかし,上述のように両者の臭いの強さは同じではないので,その測定値は,ジアセチルの濃度を基にした臭いの強さとは一致しないことになる.ガスクロマト法を分析に用いた場合には両者は分別して測定することができる.このため,比色定量分析の結果とガスクロマトグラフィーでの結果を比較するときには,注意が必要である.

2.5.2 関連化合物の問題

(1) アセトイン

ジアセチル分子内の一つのケトン基が還元されて，OH となった化合物である．分子量88，融点15℃，沸点148℃の甘い臭いをもつ無色の液体である．しかしその臭いは不純物として混入しているジアセチルに起因する可能性が高く，弁別閾値は示されていない場合が多い．醸造物中では無臭とみなしてほぼ問題ない．還元的な性質をもち，酸化されるとジアセチルになる．ほとんどの醸造物中にジアセチルとともに存在し，特に酵母による発酵を受けたものではジアセチルの数倍から数十倍の濃度で存在する．

現在ではそのような例は少なくなったが，古い文献でよく見られるケースに，ジアセチル臭の問題をアセトインの測定値で説明しようとしているものがある．また，まれにジアセチルのなかにアセトインの一部を含めて測定してしまっているケースがある．ジアセチルとアセトインの測定値が連動しているデータは要注意である．

アセトインの分析法としては，酸化してジアセチルとして測定するWesterfeld法[45]が使われることが多い．また，多くの醸造物中でアセトインの存在量はジアセチルの数倍から数十倍なので，多くの場合ジアセチルの存在は無視され，その測定値はジアセチルを含んだまま表示されている．

(2) アセト乳酸

アセト乳酸は乳酸菌や酵母による発酵の際に生成する．その構造（図2.1）が示すように不揮発性酸であるので臭いはない．現在多くの発酵飲食品におけるジアセチル生成の前駆体と判明しているこの化合物は，2.2ならびに2.3で述べたように非常に不安定なため，分析操作中に分解してアセトイン，あるいはジアセチル，あるいは両者を含む混合体となってしまう．試料中にはジアセチル臭は感じられないのに，分析してみると高いジアセチル濃度が得られることがよくある[1, 46-48]が，その原因はこのためである．したがって，アセト乳酸を含有すると思われる試料（生きた発酵微生物を含む発酵飲食品やその半製品）に対してのジアセチルの測定値は，それがアセト乳酸を含めた値ではないかどうかを疑ってみる必要がある．微生物を除いた後，加熱処理を経た試料の場合にはアセト乳酸はその処理中に分解してしまっている

可能性が強く (2.3.3参照), その測定値はジアセチルのみの値と考えてよいが, そうでない場合には, アセト乳酸が含まれた値と考えた方がよい.

ジアセチルとアセト乳酸とを分別して測定する方法としては, 著者らの提案した方法[10]を含めて前述した2, 3の方法があるが, より簡便な方法はいまだ開発されていない. その上, 発酵物中にはペンタンジオンの前駆体であり, アセト乳酸の同族体であり, 同様な性質をもつアセトヒドロキシ酪酸も存在する. これらの点から, 両同族体グループをそれぞれビシナルジケトン化合物 (VDK), アセトヒドロキシ酸 (AHA) と総称している場合もある. さらに, ビール業界では, 発酵液中のアセトヒドロキシ酸は製品化後にはほぼ定量的にビシナルジケトンに分解してジアセチル臭を与え得るとの観点から, ジアセチル, アセト乳酸, ペンタンジオン, アセトヒドロキシ酪酸の4者を併せて「トータルダイアセチル」, あるいは, 「全ダイアセチル」と呼ぶ習慣となっている. 場合によっては, 「ダイアセチル」と略称してしまうこともあるのでなおさら注意が必要である.

2.5.3 ジアセチル関連データ解読法

このように, 多くの文献の中でジアセチル (あるいは, ダイアセチル) と書かれていてもその実体は必ずしもそうであるとは限らない. その点を見抜きながら文献中のデータの示すところを読み取ることは, 用いられている分析法の特異性を十分に把握した経験者でなければほとんど不可能である. したがって, そうではない一般の読者としては, 内容を読む前にその文献中で使われている分析法の特異性と用語の厳密性を頭に入れることがまず必要である. 本書は緒言で述べたように, そのような煩雑さがあるために, ジアセチル問題をできるだけ正しく理解していただくために著したものであるが, 以下の3点に留意することがジアセチルについて正しい理解を得るためのキーポイントであると考える. すなわち,

① 特に測定値からジアセチル臭の強さを考える場合には, 用いられている分析法の特異性と, 類縁化合物との分別定量操作の有無を確認する.

② 半製品 (加熱処理されていない) を試料としたデータの場合や, 分別定量が行われていない場合には, ジアセチル (あるいは, ペンタンジオン)

と表されているものの中にはアセト乳酸（あるいは，アセトヒドロキシ酪酸）が含まれていると考えるべきである．特にその試料中に活性の高い酵母が存在している場合には，ジアセチル（あるいはペンタンジオン）自体の存在量はほとんどゼロであり，測定値のすべてがアセト乳酸（あるいは，アセトヒドロキシ酪酸）であると考えて間違いない．

③　生きた発酵微生物を含まない市販製品のジアセチル含量を測定したデータの場合には，ペンタンジオンがどう扱われているか，すなわち，一緒に測定されてしまっているか，分別定量されているかに注意する必要がある．ただし，乳酸発酵のみによる製品の場合には，ペンタンジオンの存在量はジアセチルのそれに比べて 1/10 以下であるので，ペンタンジオンとの分別定量がなされていない場合であっても，その測定値はジアセチルそのものの存在量を表しているとみなしてほぼ間違いない．この場合アセト乳酸（あるいは，アセトヒドロキシ酪酸）はほとんど分解してしまっており，測定値に含まれている可能性は少ない．

なお，本書では，酵母が関係する発酵に際してのジアセチル問題を取り上げる際，ほとんどの箇所でジアセチル，アセト乳酸，バリン，あるいは，アセトインの相互関係について述べているが，その発酵系内では，ペンタンジオン，アセトヒドロキシ酪酸，イソロイシン，エチルアセチルカルビノールも同様な相互関係をもち挙動している．この点は特に言及しない限り，繁雑さを避けるために省略してあることを念頭に置いて読んでいただきたい．乳酸菌による発酵系においてはこの点は問題とする必要はない．

引用文献

1) M. W. Brenner *et al.* : European Brew. Conv., Proc. 1963, p. 233
2) A. M. Canales and M. Martinez : ***Am. Brewer***, 1962, Dec. p. 10.
3) J. F. Rice *et al.* : Am. Soc. Brewing Chemists, Proc. 1973, p. 31
4) J. L. Owades, J. A. Jakovac and C. Vigilante : Am. Soc. Brewing Chemists, Proc. 1960, p. 63
5) 坂口武一他：薬学雑誌, **91**, 695 (1971)
6) M. C. Meilgaard : ***Technical Quarterly, Master Brew. Assoc. Am.***, **12**, 151 (1975)
7) J. L. Owades and J. A. Jakovac : Am. Soc. Brewing Chemists, Proc. 1963,

引用文献

p. 22
8) E. A. Prill and B. W. Hammer : *Iowa State College J. Sci.*, **12**, 385 (1938)
9) ビール酒造組合国際技術委員会（分析委員会）編：BCOJ 分析法, 8.16.1, (財)日本醸造協会, 1998
10) T. Inoue : *J. Am. Soc. Brewing Chemists*, **36**, 139 (1978) ; **38**, 159 (1980)
11) 井上 喬：醸協, **75**, 26 (1980)
12) D. B. West *et al.* : Am. Soc. Brewing Chemists, Proc. 1952, p. 81
13) P. Gjertzen *et al.* : *Monatsschr. Brau.*, **17**, 232 (1964)
14) K. D. Esser and C. Kremkow : *Monatsschr. Brau.*, **23**, 11 (1970)
15) Analytica EBC, 7.11, European Brewery Convention, 4th ed., 1987
16) A. Voulgaropoulos *et al.* : *Am. J. Enol. Vitic.*, **42**, 73 (1991)
17) M. Kijima : *Rept. Res. Lab. Kirin Brewery Co., Ltd.*, **9**, 51 (1966)
18) T. Inoue : *J. Am. Soc. Brewing Chemists*, 38, 9 (1980)
19) P. Ronkainen *et al.* : *Anal. Ciochem.*, **34**, 101 (1970)
20) M. A. Delgado *et al.* : *J. Inst. Brewing*, **95**, 25 (1989)
21) G. A. F. Harrison, W. J. Byrne and E. Collins : European Brew. Conv., Proc. 1965, p. 352
22) ビール酒造組合国際技術委員会（分析委員会）編：BCOJ 分析法, 8.16.2, (財) 日本醸造協会, 1998
23) R. A. Baumann *et al.* : *Anal. Chem.*, **57**, 1815 (1985)
24) T. Inoue and Y. Yamamoto : Am. Soc. Brewing Chemists, Proc. 1970, p. 198
25) T. Inoue *et al.* : Am. Soc. Brewing Chemists, Proc. 1968, p. 158
26) L. O. Krampitz : *Arch. Biochem.*, **17**, 81 (1948)
27) T. Inoue and Y. Yamamoto : *Rept. Res. Lab. Kirin Brewery Co., Ltd.*, **13**, 79 (1970)
28) E. Juni : *J. Biol. Chem.*, **195**, 715 (1952)
29) T. Inoue and Y. Yamamoto : *Rept. Res. Lab. Kirin Brewery Co., Ltd.*, **13**, 71 (1970)
30) A. D. Haukeli and S. Lie : *J. Inst. Brewing*, **77**, 538, (1971) ; **78,** 229 (1972)
31) F. H. White and T. Wainwright : *J. Inst. Brewing*, **81**, 37, 46 (1975)
32) 稲橋正明他：醸協, **92**, 151 (1997)
33) E. W. Bassett and W. J. Harper : *J. Dairy Sci.*, **41**, 1206 (1958)
34) R. A. Speckman and E. B. Collins : *Anal. Biochem.*, **22**, 154 (1968)
35) 小林 健他：日本生物工学会, 平成 12 年度大会にて発表
36) B. C. Hardwick : *J. Am. Soc. Brewing Chemists*, **52**, 106 (1994)
37) J. C. de Man : *Rec. Trav. Chim.*, **78**, 480 (1959)
38) T. Inoue *et al.* : *Rept. Res. Lab. Kirin Brewery Co., Ltd.*, **11**, 17 (1968)

39) T. Inoue *et al.* : European Brew. Conv., Proc. 1991, p. 369
40) T. Kamiya *et al.* : *Technical Quarterly, Master Brew. Assoc. Am.*, **30**, 14 (1993)
41) T. Inoue and Y. Yamamoto : *Rept. Res. Lab. Kirin Brewery Co., Ltd.*, **14**, 55 (1971)
42) T. Inoue : unpublished
43) T. Inoue : Institute of Brewing, Australia & New Zealand Section Meeting, 22nd Convention, Proc. 1992, p. 76
44) E. Juni and G. A. Heym : *Anal. Biochem.*, **4**, 143 (1962)
45) W. W. Westerfeld : *J. Biol. Chem.*, **161**, 495 (1945)
46) M. Burger *et al.* : Am. Soc. Brewing Chemists, Proc. 1957, p. 110
47) A. D. Portno : *J. Inst. Brewing*, **72**, 193, (1966)
48) N. Shigematsu *et al.* : *Bull. Brew. Sci.*, **10**, 45 (1964)

第3章　各種微生物によるジアセチルの生成

　ジアセチルを生成する微生物として最もポピュラーなものは乳酸菌である．したがって，乳酸発酵製品や乳酸菌がよく生育する発酵乳製品には，ジアセチル臭を品質特徴とするものが多い．酵母菌によるアルコール発酵により酒類が製造される際にもジアセチルは生成するが，酵母菌自体が原因である場合のほかに，共存した乳酸菌，あるいは，汚染した乳酸菌が原因である場合も多い．

　ここで，「乳酸菌や酵母による発酵の場でジアセチルが生成する」と言うと，「ジアセチルは乳酸菌や酵母による直接の代謝産物である」と理解されがちであるが，そうでない場合が多いことには注意する必要がある．どちらの菌の場合にも，直接生合成されるのはそれらの前駆体であるアセト乳酸であり，そのアセト乳酸がそれらの微生物細胞から菌体外に排出された後，細胞外で（微生物の関与なしに）化学的に分解してジアセチルとなる場合が多いのである．

3.1　酵　　母

　ここではアルコール発酵を主として行うサッカロマイセス属(*Saccharomyces*)の酵母に限定して述べる．ただし，ジアセチルは酵母により直接生成されるわけではない．活性の高い酵母が存在する発酵の場にはジアセチルは存在しないのである．

3.1.1　酵母による発酵の場でのジアセチル生成メカニズム
(1)　アセトインからジアセチル生成の可能性

　酵母による発酵の場でジアセチルが生成するのは，当初は乳酸菌の汚染が

原因であるとされていた[1]．しかし，汚染防止技術が進んだ結果，乳酸菌汚染がない，酵母のみでの発酵の際にもジアセチルが発生することが1950年代に明らかになった[2,3]．当時，ジアセチルの生成メカニズムは還元されて生成するアセトインの逆反応によるとされていた（アセトイン前駆体説）．しかし，アセトインは試薬の状態では光化学反応によりジアセチルを生成するが，発酵の場でアセトインが化学的にジアセチルにはならないことは早くから認められており[1]，酵母によって変換（酸化）されると考えられていた[4,5]．その考えは，酵母による発酵の場ではアセトインの存在濃度がジアセチルの100倍近くにもなるため，アセトインのみを基質としたモデル実験系でも1／100程度のジアセチル（実際にはアセト乳酸であって，分析の過程で分解しジアセチルとして定量されていたと考えられる）の生成は別の代謝経路からでも生じ得たため，長らく訂正されることがなかった．

しかし，1960年代に入りジアセチル生成制御のための研究が盛んになるにつれて，先のアセトイン前駆体説への疑問が呈されるようになってきた[6-8]．そして1970年，著者らによりアセト乳酸の存在の確認と，そのジアセチルとの関係の明確化とともに，アセトイン前駆体説は否定された[9]．

(2) 発酵液中のジアセチルの存在

1960年代までは酵母による発酵の場でのジアセチルの生成については，発酵の前期には酵母により生成され，後期には酵母により摂取されて消滅していくとされていた．一方，1960年代末になって，発酵液を試料とした際のジアセチルの分析値が，用いる分析法によって大きく変動することから，その原因物質としてアセト乳酸の存在が明らかとなった（2.2参照）．そして，アセト乳酸とジアセチルの分別定量法が確立され，それまでの分析法によるほとんどの場合に，アセト乳酸の一部がジアセチルとして定量されてしまっていることが判明した[9,10]（表2.4参照）．さらに，それまでに観察されていた酵母による発酵の場でのジアセチルの生成・消失のパターンはアセト乳酸のそれに近く，ジアセチル自体は，活性の高い酵母が高濃度に存在する発酵液中には検出されるほどの濃度では存在しないことが明らかとなった（図4.3参照）．このことは，ジアセチルが回収されるはずの条件下で発酵液をガス洗浄しても，ジアセチルが回収されなかったことからも裏付けられた（表3.1）[9]．

表 3.1 ガス洗浄でのジアセチル回収濃度にもとづく各種試料中のジアセチル存在の有無の判定[a]

試　　料	ジアセチル回収濃度(mg/L)
Ⅰ：酵母を含む麦汁発酵液	0
Ⅱ：Ⅰより酵母を除いた液	0
Ⅲ：Ⅱを加熱処理[b]	0.62
Ⅳ：ビールにジアセチルを添加[c]	0.36

a) 50ml の試料に対して 1℃ の温度条件下で，200ml/min の速度で炭酸ガスを一晩通じた．排気はヒドロキシルアミン溶液中に通し，Micro 法でジアセチル回収濃度を測定した．
b) 60℃，30分間処理．処理後の液のジアセチル含有濃度は 1.52mg/L．
c) 添加後の濃度は 0.87mg/L．

(3) 発酵飲食品中のジアセチルの由来

それでは，酵母による発酵飲食品などの中に現実に存在し，ジアセチル臭を与えるジアセチルはどのようにして生成してくるのであろうか．

活性の高い酵母が存在する醪中にジアセチルが存在しない理由については，酵母により生成されたアセト乳酸が醪中で分解してジアセチルが生成しているのであるが，そのジアセチルは酵母により直ちにアセトインに還元されるので，検出されるほどの濃度では存在しないことによる[9]．このことから，製品化された発酵飲食品中に検出されるジアセチルは，ジアセチルの還元にあずかる酵母が製品化工程で除かれるために，醪中に残存していたアセト乳酸の，酵母が関与しない分解により生成する（図3.1）[9]，あるいは，その後の熟成工程で汚染した乳酸菌により生成することが明らかとなった．

アセト乳酸がジアセチルを生ずるかどうかについては，アセト乳酸の自然界での存在を明らかにした Krampitz[11] は，その報告の中でアセト乳酸は酸化的脱炭酸してジアセチルになることはないと述べている．しかし，その点については，1959年に de Man[12] によって訂正され，アセト乳酸がジアセチルの前駆体ではないかとの説がはじめて登場した．しかし，その時点では，まだ，ジアセチルとアセト乳酸の分別定量法が確立されておらず，発酵中の液にもジアセチルが存在するとされていたため，この説は，酵母により発酵されつつある液の状態を明確に説明できるものではなかった．その後，両者

```
      前発酵        後発酵
    ┌───┐ ┌─────┐
    ○ ──→ AL ──→ DA ──→ ○
          └─────┘
            ろ過後
```

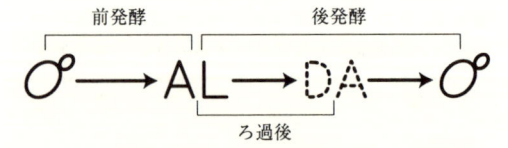

図 3.1 酵母が存在する発酵液中でのジアセチルの不在と，ろ過により酵母が除かれた後でのジアセチルの生成

AL：アセト乳酸，DA：ジアセチル，○：酵母の生細胞

の分別定量法が確立され，発酵液中にはジアセチルは存在しないことが証明されたことから，酵母が除かれた後，あるいは，酵母の活性が低下してしまった液中にアセト乳酸が存在すると，その酸化的脱炭酸分解により，酵母の関与なしにジアセチルが生成することが明らかとなった．

ワイン，清酒，あるいはビールにおいても，熟成中にジアセチルの生成の見られることがあるが，これは，共存する乳酸菌，あるいは，汚染した乳酸菌によるものである（第2部 応用編の各章参照）．

酵母がアセチル CoA と活性アセトアルデヒドからジアセチルを生合成するという説もあり，アイソトープを用いた実験でもそれが証明されている[13]．しかし，活性の高い酵母が存在する発酵の場においてはジアセチルリダクターゼ活性が強く，ジアセチルが検出され得るほどには存在しないのであるから，酵母による発酵の場におけるジアセチルの生成は生合成によるという可能性はない．それにも関わらず，生合成反応がアイソトープ的に証明されたということは，実験手法上の誤りでないとすれば，酵母細胞内の代謝中間体としてはジアセチルが存在したということになる．

3.1.2 酵母細胞によるアセト乳酸の生成
(1) アセト乳酸の生成経路

酵母細胞内でのアセト乳酸の生成は，ピルビン酸と活性アセトアルデヒドとのアセト乳酸合成酵素による縮合によって行われる[14, 15]．生物界には，2種類のアセト乳酸合成酵素が存在し，それぞれ，pH8 と pH6 に最適活性を有している[16]．前者（pH8 酵素と称されている）はバリン生合成の中間体

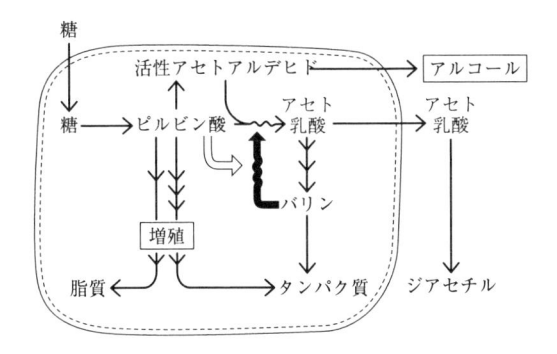

図 3.2 バリン生合成中間体としてのアセト乳酸の
細胞外漏出分からのジアセチルの生成

⇨, ➡：阻害作用

としてのアセト乳酸の合成に与り，後者（pH6 酵素と称されている）は，細胞内でのピルビン酸の蓄積に対応して，ピルビン酸を，アセト乳酸に合成し，さらにアセトインに脱炭酸分解して排出する役割を担っている．酵母においては pH6 酵素は存在せず，発酵工程中に生成するアセト乳酸は，バリン生合成の中間体として pH8 酵素により生成したもの[17]の一部が，細胞外へ漏出したものである（図3.2）．このことは，アセト乳酸合成酵素を欠損した変異株での発酵ではアセト乳酸が全く生成しないこと[18]，ならびに，アセト乳酸の漏出が細胞内のバリンの濃度に応じて変動し，生合成経路の活性と連動していると推定されること（図4.5参照）[19]からも裏付けられる．

なお，ジアセチルと同じ臭いを呈する同族体のペンタンジオンも，アセト乳酸とバリンとの関係と同様に，イソロイシン生合成経路の中間体であるアセトヒドロキシ酪酸より生成する．アセトヒドロキシ酪酸は，アミノ酸の1種であるスレオニンが脱アミノ化されて生ずる 2-ケト酪酸と活性アセトアルデヒドから，pH8 アセト乳酸合成酵素によって生成される[17]．

(2) 酵母細胞内でのアセト乳酸生成の調節

アセト乳酸合成酵素は，アミノ酸の発酵生産の基本原理である代謝調節機構（フィードバック・インヒビション）が初めて発見された，バリン生合成経路に関する酵素である[20]．すなわち，細胞内のバリン濃度が高まるとアセト乳酸合成酵素活性は阻害され，アセト乳酸の合成は抑制される．この代謝

調節機構は，当該調節機構が発見された細菌細胞内でだけではなく酵母細胞内でも働いており，培地中からバリンが酵母に取り込まれて酵母細胞内のバリン濃度が高まる時期に，培地中への生成が停止する現象が見られることからもわかる（図4.5参照）．この現象は，ビール醸造の場において巧妙に利用されている（第4章で詳述）．

バリンのアセト乳酸合成酵素に対する阻害は，基質であるピルビン酸と拮抗することが知られている（図3.2)[17]．嫌気的条件下では酵母の細胞内でピルビン酸の濃度が高まり[21]，アセト乳酸の細胞外への漏出も多くなる[22]．また，アラニンを単一窒素源として与えた場合にも，細胞内での脱アミノ化によりピルビン酸濃度が高まるため，アセト乳酸の生成が高まる．ビール酵母の呼吸能欠損変異株が正常株の10倍ものアセト乳酸を生成する（表4.8参照)[23]のも，これと同じ理由によると考えられる．

ペンタンジオンの前駆体であるアセトヒドロキシ酪酸も，同じようにアセト乳酸合成酵素によって生合成され，バリンによって生成阻害を受ける．しかし，スレオニンの脱アミノ化によりアセトヒドロキシ酪酸の基質である2-ケト酪酸を生成するスレオニンデアミナーゼが，代謝経路の最終生成物であるイソロイシンによって阻害され，かつ，バリンによって活性化を受けるため[17,24]，見かけ上はイソロイシンによってのみ阻害を受けているかのような現象を示す．

3.1.3 酵母によるアセトインの生成

かつてジアセチルの前駆体であると思われていたアセトインが，現在はそうではないと証明されていることについては既に 3.1.1 (1) で述べた．しかし，ジアセチルは酵母によって摂取され，還元されてアセトインとなる[25]ことから，両者は化学的に近い関係にあるといえる．この反応によるアセトインの生成に関与するジアセチルリダクターゼは，乳酸菌におけると同様に，アセトインのさらなる還元に関与するアセトインリダクターゼと同じ酵素であるとされている[26]．また，ジアセチルとアセトインは共にアセト乳酸の自動的な化学的分解により生成する．アセト乳酸からのアセトインの生成は酵母による発酵系の場合，この反応によるだけで，細菌の場合のようにアセ

ト乳酸脱炭酸酵素によって生成することはない[27]．

一方，酵母は，アセトアルデヒドと活性アセトアルデヒドとの縮合によってアセトインを生成する[25]．この反応を触媒するカルボリガーゼ活性は酵母において非常に強いため，細胞内にNADHが不足し，アセトアルデヒドが十分にエチルアルコールに還元されずに蓄積する酸化的条件下では，アセトアルデヒドはアセトインに合成される．このため，酵母による発酵系中のアセトイン濃度はアセト乳酸の濃度に比べて非常に高く，場合によってはアセト乳酸濃度の100倍にも達する．アセトインとジアセチルとの化学的な近縁性と，この存在量の差がジアセチル問題の解析を遅らせてきた大きな原因である．酵母が生成するアセトインには，アセト乳酸の酸化的脱炭酸により生成したジアセチルが還元されて生成する分もあるが，その量はカルボリガーゼによる生成量に比べると無視できるほどに少ない．

アセトインはアセトインリダクターゼによってさらにブタンジオールに還元される．酵母はこの酵素の活性が高く，通常ブタンジオールの生成量はアセトインのそれより1桁高い．

3.2 乳酸菌

乳酸菌とは，糖からの代謝産物の半分以上が乳酸である細菌の総称である．その特徴としてグラム陽性，胞子形成をせず，運動性なし，ナイアシン要求などの点があるが，その中には各種の細菌が含まれる．それらの中には，発酵乳製品の製造に主として関与する細菌群のほか，醬油，味噌，漬物やワインの香味生成においても主役を演じている．清酒の製造工程の初期において，醪を酸性化し，雑菌の汚染を防止し，酵母の生育に適した環境をつくるのも乳酸菌である．反面，半嫌気性，弱酸性という酵母の生育に適した条件で同じく生育し，酵母の自己消化産物をよい栄養源とするために，各種酒類の汚染菌としても登場してくる．

ジアセチル生成に関係する代謝系については，発酵乳製品の製造に関与する *Lactococcus lactis* subsp. *lactis* biovar. *diacetylactis*（*Lactococcus lactis* subsp. *lactis* のクエン酸資化性株．以下，*Lc. diacetylactis* と略す）について詳しく調

べられている.したがって,この菌に関することを中心に述べる.

3.2.1 乳酸菌の糖代謝

乳酸菌は糖を発酵して,乳酸のみを生成するホモ発酵型と,乳酸,エタノール,炭酸ガスを生成するヘテロ発酵型に分類される.しかし,それは固定された性質ではなく,糖以外の基質が発酵される場合,あるいは環境条件により変わり得る性質である.たとえば,ホモ発酵型のある種の乳酸菌はペントースが基質として与えられた場合に,ヘテロ発酵型が特徴的に有するホスホケトラーゼ活性を誘導的に獲得し,乳酸のほかに,エタノール,酢酸などを生成するようになる.このような菌は,通性ホモ発酵型と呼ばれる.また,ホモ発酵型である *Lactococcus* も,グルコースではなくガラクトースを基質とする場合にはエタノール,ギ酸などを生成する.この場合は,ペントースが基質である場合とは異なり,乳酸脱水素酵素の活性化を調節するフラクトース-2-リン酸の生成がおこなわれないために,ピルビン酸が乳酸以外への代謝経路(3.2.3 (2)参照)に流れるためである.本書の主題であるジアセチルもピルビン酸代謝に関係して生成するものであるので,環境条件によりその生成が大きく変動する.

3.2.2 乳酸発酵系におけるジアセチル生成メカニズム

乳酸菌による発酵系におけるジアセチル生成メカニズムとしては,酵母と同じく,乳酸菌が菌体外に生成したアセト乳酸の酸化的脱炭酸による経路[12]と,アセチル CoA と活性アセトアルデヒドからの生合成による経路[13]との二つの経路が提唱されている.しかし,後者の経路に関しては,いまだ議論がなされている状況である.

(1) アセトインからの生成説の否定

乳酸菌によるジアセチル生成については,1920年代に明らかにされたが,当初はアセトインの酸化によると考えられていた.化学的酸化によらないことは比較的早い時期に明らかにされ[1],その後,長期にわたって,微生物が関与する酸化が原因とされてきた.微生物が関与する酸化によるというこの説も,その点に的を絞った研究が行われるにつれて疑問がもたれてはきては

いたが，1948年にKrampitz[11]がアセトインの前駆体としてアセト乳酸の存在を明らかにした際にも，その中でアセト乳酸は酸化的脱炭酸されてジアセチルになることはないと述べていたこともあり，アセト乳酸がジアセチルの前駆体であるという考えはその後もしばらくは出現しなかった．アセトイン前駆体説については，アセトインは乳酸菌によりジアセチルに変換されることはない，ジアセチルはアセトインとは違う経路により生成する，アセトインを生成する菌でジアセチルを生成しない菌は多い，などの知見から疑問が強く持たれるようになってきていた．

(2) ジアセチル生成経路に関する現在の諸説

1959年にde Man[12]により，アセト乳酸が自動的に酸化的脱炭酸を行いジアセチルになり得ることが証明され，アセト乳酸からジアセチルが生成することが広く認められるようになった．

一方，Collins一派[13]は，アセチルCoAと活性アセトアルデヒドからジアセチルが生合成するということをアイソトープを用いた実験によって証明した．また金子[28]は，チアミンピロリン酸を添加した反応でのジアセチル生成を調べ，Lc. diacetylactis において，ジアセチル生成時に酸素の吸収が見られない（アセト乳酸の酸化的脱炭酸でジアセチルが生成するのであれば，酸素が吸収されるはずである），通気して好気的条件にしてもジアセチルの生成は増加しない（Lactobacillus の場合には増加する），反応系からアセチルCoAを除くとジアセチルの生成が見られない（アセト乳酸からの生成であればアセチルCoAの存在は関係しない），バリンによるジアセチル生成の阻害が見られない（バリン生合成の前駆体としてのアセト乳酸の生成の際にはバリンによる生成阻害が見られる）ことをあげて，ジアセチル合成酵素が存在すると述べている．この金子の報告では，酵素反応はpH6の条件下で行われ（生菌体を使用した系では約pH5），反応の停止は沸騰している湯浴に1分間浸けることにより行い，ジアセチル測定の際には80℃で30分間加熱して気相に移行するものをガスクロマトグラフィーで分析している．アセト乳酸は，好気的，酸性条件下で加熱されると，酸化的脱炭酸反応を起こしてジアセチルに分解する（表2.7参照）ので，この方法では操作中にアセト乳酸からジアセチルが生成してしまう可能性があるが，ここではアセト乳酸の挙動については述べ

られていない.

　これらに対し，Hugenholtz[29] は乳酸菌の細胞や無細胞抽出液を用いた実験で，ジアセチル生合成が証明され得ないとし，アセト乳酸合成酵素をピルビン酸と反応させた場合であっても，（アセト乳酸が非生物的にジアセチルを生成するのと同じ）低 pH, 好気的条件下でないとジアセチルが生成しないことから，ジアセチルはアセト乳酸の非生物的分解のみで生成するとしている．また，ジアセチルの生合成が行われるとされる経路については，関与する酵素の遺伝子が発見されていないことも挙げて，ジアセチルが生合成されるという説には疑問を呈している．Hugenholtz も指摘しているが，ジアセチルとアセト乳酸とを明確に分別定量する方法が確立されれば，ジアセチル生成経路に関するコンセンサスの成立は近いことであろうと著者は考える.

　なお近年，アセト乳酸からのジアセチル生成が細胞内でも起こりうることを示す報告[30,31] がある.

3.2.3　乳酸菌細胞によるアセト乳酸の生成と調節

　ジアセチルは，アセト乳酸から生成するのであれ，酵素により生合成されるのであれ，ピルビン酸を経由して生成される．ピルビン酸を経て代謝される生成物はいくつかあり，その生成量は環境条件により大きく変動する．そのうちの一つであるジアセチルの生成についても同様である．ここでは，アセト乳酸との関連でそれを述べる.

(1)　乳酸菌細胞内でのアセト乳酸の生成と調節

　乳酸菌の細胞内での代謝によるアセト乳酸の生成も酵母の場合と同じく，アセト乳酸合成酵素によって行われるのであるが，酵母の場合に働くバリンの生合成に関与する pH8 アセト乳酸合成酵素によるのではなく，糖代謝に関係する pH6 アセト乳酸合成酵素による生合成である[16]．酵母の場合とは異なり，乳酸菌によるアセト乳酸生成は量的にも多く，また，アセトヒドロキシ酪酸の生成はあっても非常に少ない．乳酸菌による発酵の場でのジアセチル生成の際に，ペンタンジオンの生成が酵母の場合と比べて非常に少ないのはこのためである．pH8 アセト乳酸合成酵素によってアセト乳酸の一部が合成される菌もあろうが，発酵乳製品の製造に関与する菌の大部分はバリ

3.2 乳酸菌

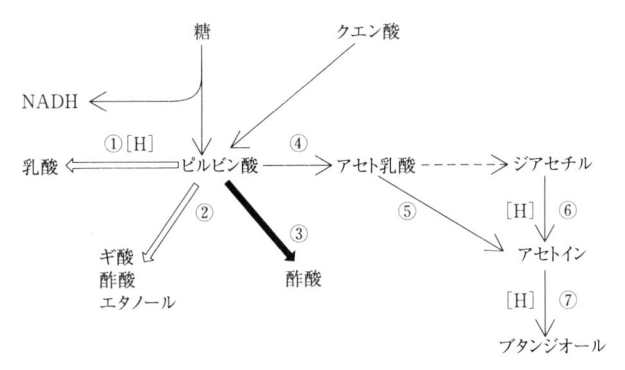

```
              糖      クエン酸
               ↓       ↓
NADH ⇐        ┌───────┘
       ①[H]   │    ④
乳酸 ⇐═══ ピルビン酸 ──→ アセト乳酸 ----→ ジアセチル
              │╲                    ⑤        [H] ↓ ⑥
              ② ③                              アセトイン
              ↓ ↓                               [H] ↓ ⑦
             ギ酸 酢酸                           ブタンジオール
             酢酸
             エタノール
```

図 3.3　ピルビン酸からのアセト乳酸生成と，
　　　　それに関係する代謝経路

⇨：嫌気的条件下での代謝，➡：好気的条件下での代謝，--→：酵素の関与しない化学的反応，[H]：NADHの関与する反応；①乳酸脱水素酵素，②ピルビン酸-ギ酸リアーゼ，③ピルビン酸脱水素酵素，④アセト乳酸合成酵素，⑤アセト乳酸脱炭酸酵素，⑥ジアセチルリダクターゼ，⑦アセトインリダクターゼ

ン，イソロイシンなどの分岐アミノ酸を自ら合成することができない[32]ので，pH8 アセト乳酸合成酵素を有しておらず，したがってアセト乳酸がバリン，イソロイシン合成経路から生成することはほとんどない．

　pH6 アセト乳酸合成酵素は細胞内にピルビン酸が蓄積すると活性化される酵素である[29]．数多くの乳酸菌においてその活性化の程度は同じではないが，細胞内ピルビン酸濃度も環境条件によって大きく変動し，それがアセト乳酸の生成，ひいてはジアセチルの生成に大きく影響することになる．

(2) 乳酸菌におけるピルビン酸代謝の変動[29]

　乳酸菌のピルビン酸代謝（図3.3）は，酵母の場合と違って，環境条件によって大きく変動する．すなわち乳酸菌はTCAサイクルの一構成酵素であるイソクエン酸脱炭酸酵素を有していないので，TCAサイクルが働かない．また，チトクロ－ム合成能力がないため，呼吸に関係する電子伝達系でのエネルギー生産ができず，エネルギー生産は基質レベルでのリン酸化反応により行われる．そのため，酸素が存在する環境下では乳酸菌の生育は一般的には阻害されるのであるが，酸素に対するいくつかの防御機構をそれぞれの乳酸菌が程度の違いこそあれ有しており，好気的条件下でも嫌気的条件下と変

わりなく生育できる菌も存在する．代謝に関係するNADなどの補酵素の酸化還元反応も，電子伝達系との連携ではなく，他の代謝系との連携や上記の，酸素に対する防御機構のうちのNADHを利用する酵素反応と連携して行われる．したがって，乳酸菌の分類に用いられるホモ型，ヘテロ型の発酵形式も，環境の違いや基質の違いによるNADの供給状況によって変動し，必ずしも不変ではない．すなわち，それらの代謝経路の中心に存在するピルビン酸の代謝が，環境や基質の違いによるNADの供給状況によって大きく変動し，ピルビン酸からのアセト乳酸の生成もそれに伴って大きく変動するのである．

その例のいくつかを紹介すると，ホモ型発酵菌では，嫌気的条件下では，糖を基質とした場合，乳酸脱水素酵素が働いてピルビン酸を経由して乳酸が生成される．この酵素は，解糖系で生成するフラクトース-2-リン酸とNADHにより活性化される性質をもっている．同じく嫌気的条件下で働くピルビン酸-ギ酸リアーゼは酸性条件下では活性が低く，ホモ型発酵菌による発酵生成物はほぼ乳酸のみとなる．一方，好気的条件下では，NADHオキシダーゼ，NADHパーオキシダーゼなどが活性化され，NADHが消費されるため，乳酸脱水素酵素によるピルビン酸からの乳酸生成が抑制され，好気的条件下で活性化されるピルビン酸脱水素酵素の作用により酢酸が生成される．しかし，ジアセチル高生成菌である *Lc. diacetylactis* では，この酵素の活性が弱く，その結果アセト乳酸が蓄積し，資化されたグルコースの大部分が，（アセト乳酸を経て）ジアセチル，アセトインに変換される．この菌の場合には，NADHオキシダーゼの活性化の程度が弱いため，解糖系の進行が必要なNADは，ジアセチルの還元によって賄われている．したがって，比率的にはジアセチルよりも多くのアセトイン，2,3-ブタンジオールが生成されることになる．

基質がクエン酸である場合には，ピルビン酸の生成はクエン酸リアーゼによって生成するオキザロ酢酸の脱炭酸によって行われ，その間にはNADHの生成がない．したがって，嫌気的条件下であっても乳酸脱水素酵素は働き得ず，ピルビン酸はアセト乳酸合成などのNADHを必要としない代謝系を経由して代謝されることになる．

3.2 乳酸菌

　同じホモ型乳酸菌であっても，*Lactobacillus casei* では好気的条件下での NADH オキシダーゼの活性化が著しい．そして，好気的条件下であっても糖からピルビン酸を経て乳酸が生成される．しかし酸性条件下ではその活性は弱いため，アセト乳酸の生成が進行する．そして，ジアセチルを還元するジアセチルリダクターゼの活性が高くないため，その還元は進行せず，したがってアセトインの生成は少なく，高濃度のジアセチルが蓄積することになる．

　一方，ヘテロ発酵型の乳酸菌 *Leuconostoc* では，糖は EMP 経路ではなく，HMS 経路により代謝される．したがって，乳酸のほかエタノールも生成されるが，それは酵母によるアルコール発酵の際に働くピルビン酸脱炭酸酵素の作用で生成するのではなく，キシルロース-5-リン酸の加リン酸分解（ホスホケトラーゼによる）で生じたアセチルリン酸から，アセチル CoA，アセトアルデヒドを経て生成されるのである．*Leuconostoc* の乳酸脱水素酵素は NADH に非感受性であるため，好気的条件下でもピルビン酸は乳酸に変換される．そのためにより多く必要となる NADH は，アセチルリン酸がエタノールに変換されるのではなく，酢酸に変換されることによって節約され賄われる．この際，アセチルリン酸からエタノールへの代謝経路上に存在するアセトアルデヒドが消費されることになる．この反応は発酵バターなどのアセトアルデヒド臭を抑えるのに利用されている．その際には，本菌は好気的条件下では増殖が良好でないので，酸素の影響を低減化し，アセトアルデヒド消費特性を発揮させるために，マンガン塩が添加される．糖以外の基質，例えばクエン酸が基質となると，NADH が生成されないためピルビン酸が蓄積され，ホモ型乳酸菌の場合のようにアセト乳酸の生成が活性化されるが，その程度は低く，ホモ型乳酸菌における場合の数十分の一程度である．この性質は，ワインのマロラクティック発酵において重要な意味をもってくる．

　以上説明したほかにも，乳酸菌は pH の影響，糖濃度の影響，また，基質や発酵条件，酵素の誘導的生成や阻害に対する影響などがあり，その影響を受ける程度は菌株によって違いがある．したがって，ピルビン酸の蓄積やそれに起因するアセト乳酸，あるいはジアセチルの生成を調節する際には，他の菌における方法をそのまま適用することはできない．

(3) アセト乳酸の分解

　乳酸菌が生成したアセト乳酸は，アセト乳酸脱炭酸酵素によって脱炭酸されてアセトインとなる[11]．アセト乳酸脱炭酸酵素は，酵母やカビなどの真核生物には存在しない酵素で，細菌（原核生物）にのみ存在する[27]．他の多くの脱炭酸酵素と違ってチアミンピロリン酸やマグネシウムを要求しない．そのため，ビールの熟成調整用の酵素剤としても用いられている[33]．アセト乳酸脱炭酸酵素を有しない細菌の場合には，アセト乳酸はそのまま菌体外に排出されて非生物的に，好気的条件下ではジアセチルに，嫌気的条件下ではアセトインに分解する．

3.2.4　ジアセチルのアセトインへの還元

　菌体外で生成したジアセチルは，酵母による発酵系の場合と同様にNADH依存のジアセチルリダクターゼによって還元されて，アセトインに変換され，次いで，2,3-ブタンジオールに還元される．両還元反応に関与する酵素は同じものであるとされているが，アセトインの2,3-ブタンジオールへの還元が可逆的であるのに対して，ジアセチルへの還元は不可逆的である[32]．また，高濃度（1 mM以上）のアセトインが存在すると，2,3-ブタンジオールへの還元が優先されてジアセチルのアセトインへの還元は抑制される．したがって，アセトイン濃度の高い発酵飲食品中ではジアセチルの減少は少ない．ジアセチルリダクターゼの活性はクエン酸の存在によっても阻害を受ける．

3.3　その他の微生物

　発酵飲食品の製造に関係するその他の微生物による発酵系でのジアセチル生成メカニズムについては研究例があまりない．ナットウ菌については，生理的に乳酸菌と似た性質をもつ菌であるので，恐らく乳酸桿菌と同様な代謝系によりジアセチルが生成すると考えられる．

　酢酸菌については，アセトインの酸化によってジアセチルを生成するとされている．しかし，ジアセチルをアセトインに還元するジアセチルリダク

ターゼは乳酸菌では可逆的ではないとされている[34]. 酢酸菌の酸化酵素(デヒドロゲナーゼ) については，ピロロキノリンキノンを補酵素とする細胞膜に存在する酵素で，ＮＡＤを補酵素とする乳酸菌などに存在する酸化還元酵素とは全く別のものであることが報告されている[35]. したがって，アセトインをジアセチルに酸化する酵素が特異的に酢酸菌に存在する可能性もある. しかし，酢酸菌のアセト乳酸脱炭酸酵素活性は低い[36]こと (アセト乳酸から酵素的にアセトインが生成する可能性は低く，アセト乳酸がそのまま細胞外に漏出してくる可能性がある)，などの理由から，酵母や乳酸菌の場合のように，アセト乳酸の自動的な酸化的脱炭酸によりジアセチルが生成する可能性も否定しきれない.

バリン生合成の中間体としてのアセト乳酸の代謝については，フィードバック・インヒビション機構が発見された大腸菌などで広く研究されているが，乳酸菌に存在する pH6 アセト乳酸合成酵素など，ジアセチルの生成に関係する酵素については Störmer による Aerobacter での報告[37]がある.

引 用 文 献

1) J. L. Shimwell and W. F. Kirkpatric : *J. Inst. Brewing*, **45**, 137 (1939)
2) A. Kockova-Kratochvirova *et al.* : Brauwissenschaft, **9**, 73 (1956)
3) M. Burger *et al.* : Am. Soc. Brewing Chemists, Proc. 1957, p. 110
4) J. L. Owades *et al.* : Am. Soc. Brewing Chemists, Proc. 1959, p.22
5) M. W. Brenner and M. Kamimura : Am. Soc. Brewing Chemists, Proc. 1969, p. 153
6) M. W. Brenner *et al.* : European Brew. Conv., Proc. 1963, p. 233
7) A. D. Portno : *J. Inst. Brewing*, **72**, 458 (1966)
8) H. Suomalainen and L. Jännes : *Nature*, **157**, 336 (1946)
9) T. Inoue and Y. Yamamoto : Am. Soc. Brewing Chemists, Proc. 1970, p. 198
10) T. Inoue and Y. Yamamoto : *Arch. Biochem. Biophys*, **135**, 454 (1969)
11) L. O. Krampitz : *Arch. Biochem.*, **17**, 81 (1948)
12) J. C. de Man : *Rec. Trav. Chim.*, **78**, 480 (1959)
13) L. F. Chuang and E. B. Collins : *J. Bacteriol.*, **95**, 2083 (1968)
14) E. Juni : *J. Biol. Chem.*, **195**, 715 (1952)
15) M. Strassman *et al.* : *J. Am. Chem. Soc.*, **75**, 5135 (1953) ; **77**, 1261 (1955)
16) Y. S. Halpern and H. E. Umberger : *J. Biol. Chem.*, **234**, 3067 (1959)

17) P. T. Magee and H. de Robichon-Szulmajster : *Europ. J. Biochem.*, **3**, 502 (1968)
18) B. Cabane : These Docteur-Ingnieur, Universite de Nancy, 1971
19) T. Inoue *et al.* : Am. Soc. Brewing Chemists, Proc. 1973, p. 36
20) H. E. Umberger *et al.* : *J. Am. Chem. Soc.*, **79**, 2980 (1957)
21) 上田隆蔵, 西村公臣：酵母の有機酸生成機構, 清酒酵母の研究, 清酒酵母研究会編, p. 571, 清酒酵母研究会, 昭 55
22) T. Inoue : *Technical Quarterly, Master Brew. Assoc. Am.*, **17**, 61 (1981)
23) H. T. Czarnecki and E. L. van Engel : *Brew. Digest*, **34**, 52 (1959)
24) H. de Robichon-Szulmajster and P. T. Magee : *Europ. J. Biochem.*, **3**, 492 (1968)
25) C. Neuberg : *Biochem. Z.*, **160**, 250 (1925); *Ber. Dtsch. Chem. Ges.*, **52**, 2248 (1919)
26) P. Galzy *at al.* : European Brew. Conv., Proc. 1983, p. 505
27) S. E. Godtfredsen *et al.* : *Carlsberg Res. Commun.*, **48**, 239 (1983)
28) 金子　勉：酪農科学, **39**, A-265 (1990)
29) J. Hugenholtz : *FEWS Microbiol. Rev.*, **12**, 165 (1993)
30) K. N. Jordan *et al.* : *FEMS Microboil Letters*, **143**, 291 (1996)
31) S. H. Park *et al.* : *Biochim. Biophys. Acta*, **1245**, 366 (1995)
32) 乳酸菌研究集談会：乳酸菌の科学と技術, p. 118, 学会出版センター (1996)
33) S. E. Godtfredsen *et al.* : European Brew. Conv., Proc. 1983, p.161
34) V. L. Crow : *Appl. Environ. Microbiol.*, **56**, 1656 (1990)
35) 飴山　實, 大塚　滋：食酢の科学, p. 130, 朝倉書店 (1996)
36) S. Yamano *et al.* : *J. Biotechnol.*, **32**, 165 (1994)
37) F. C. Störmer, *J. Biol. Chem.*, **242**, 1756 (1967)

第2部 応用編

　第1部では，ジアセチルとはどういうものか，その分析法，および酵母と乳酸菌のジアセチル生成へのかかわりなど，基礎的，普遍的なことがらについて述べてきた．この第2部では，各種発酵飲食品製造の場において，どのようにジアセチル生成調節技術が駆使されて，各飲食品の品質がつくり上げられているかについて述べる．

第4章 ビール

　ビールにとってジアセチル臭はあってはならない臭いである．そのために，伝統的な醸造法においては各種の対策が経験的にとられてきていた．それを知らずに試みられた新醸造法開発や新規な原料の使用はことごとく失敗した．ジアセチル臭は，本章の中で述べるように，いろいろな要因により発生してくる．しかし，1970年代にジアセチル生成や調節のメカニズムが解明されたことにより，多くの合理的発酵法，熟成法が開発され，実用化されて，ビール製造法の技術革新に大きく寄与してきた．そしてさらなる開発は今後にも期待されている．

　一口にビールと言っても世界中にはさまざまなビールが存在し，わが国においても，世界的にはビールの範ちゅうに入る麦芽発泡酒が近年ブームとなってきている．これらは当然，使用される原料や製造法が同じではない．したがってジアセチル生成制御法も異なったものとなる．本章では，現在わが国で，また世界においても，最も広く飲まれているピルスナータイプと呼ばれる淡色ビールの場合について述べ，その中で随時，その他のビールについても述べることとする．

4.1 ビールにおけるジアセチル関連技術発展の歴史

ビールにおけるジアセチル臭発生には，いくつもの原因があるという特徴がある．それらの原因は，時代とともに変わってきた生産・販売の環境の下に，そのつど問題を発生させ，研究のターゲットとなり，順次解決されて醸造技術全体をも発展させてきた．詳しくは4.3からの本論で説明するが，まずその経緯についてここで概説する．

① ザルチナ病によるジアセチル臭の発生——1940年代まで

清涼感を特徴的な品質とするビールにとって，ジアセチルの与える，蒸れたような異臭はあってはならない臭いである．この特徴的な臭いが乳酸菌の汚染によって生ずることは，1907年にSchönfeld [1]によって報告された．この臭いの本体がジアセチルであることを明らかにしたのは，乳酸菌について幅広い研究を展開したShimwell [2]であり，1939年のことであった．彼は，ザルチナ病と呼ばれていたビールでのジアセチル臭発生が，球状乳酸菌の汚染によることを証明し，ジアセチルはアセトインの微生物による酸化により生成するとした．

② 発酵異常によるジアセチル臭の発生と生成メカニズムの解明——1960年代まで

第二次大戦後，抗生物質の発酵生産技術の発展などにより微生物汚染防止技術が進歩し，微生物汚染が原因のジアセチル臭発生はまれとなった．一方，連続仕込み，連続発酵などの新規醸造法の開発が盛んに行われるようになり，微生物汚染がなくとも，不適切な発酵によりジアセチル臭が発生することもしだいに明らかとなってきた[3,4]．

1950年代は特にアメリカでビールの味が濃厚なものからすっきりしたものへ変化した時代であり，麦芽やホップの特徴的な香味が減少するとともに，ジアセチル臭をはじめ，その他の異臭がマスクされ得ず検出されやすい傾向となってきた．

その結果，ジアセチル生成制御を目指した研究が盛んに行われるようになった．しかし，それらの研究は，麦汁発酵液を試料とした場合には明確なジアセチルの測定値が得られにくいという結果により，研究の第1歩から順調に

は進展しなかった．そのような状況の中で，分析操作中の加熱によりジアセチルを生ずるものとして，アセト乳酸の存在がクローズアップされてきた[5]．そして，1960年代の終わりに発酵液中のアセト乳酸の存在が確認され[6]，さらにジアセチルとアセト乳酸との分別定量法が考案されて[7]，発酵中に酵母により生成されるのはジアセチルではなくアセト乳酸であり，酵母による発酵が進行している際にはジアセチルそのものは存在せず，発酵終了後に残存するアセト乳酸の非生物学的な分解によりジアセチルが生成する，とのビール醸造におけるジアセチルの生成メカニズムが明らかとなった[7,8]．

③ 工程管理指標としてのアセト乳酸——1970年代以降

ジアセチル臭は以前より，熟成（後発酵）期間が短い場合に発生することが経験的に知られていた．ビールの製造工程中，熟成（後発酵）は最も時間を要する工程であるが，第二次大戦後の経済発展とともに拡大を続けていたわが国のビール需要に対応するために，後発酵工程の短縮による醸造期間短縮を目的とした，ジアセチル臭発生制御のための研究が開始された．それとともに，1960年代にわが国で開発された屋外設置型発酵タンク[9]は，省力，省エネルギー，省建設コストなど多くの利点を有していたため，世界各地でその利用が検討された．1970年代に入り，底部を逆円すい型（コニカル）としたシリンドロコニカルタンクが考案され（図4.1），ジアセチル生成調節メカニズムを応用した，伝統的な方法とは違う温度経過をとらせる発酵法が開発された[10]．これにより，シリンドロコニカルタンクの世界的な普及に拍車がかかるとともに，ジアセチルとして測定されるアセト乳酸が発酵管理のための重要な指標としてクローズアップされることとなった．

④ 新技術開発のターゲットとしてのジアセチル制御——1980年以降〜現代まで

ビール製造においてジアセチル臭問題は製造条件や原料品質の変動により発生しやすかったために，屋外設置型発酵タンク（シリンドロコニカルタンク）の実用化の例も含む新技術開発，あるいは，新製品開発に際してしばしば問題となり，それらの進展を阻んできた．しかし，その生成調節メカニズムが解明されたことにより，ジアセチル臭発生制御が可能となり，新製品，あるいは，新技術開発の可能性が大きく開けてきた．特に，1980年代から各産

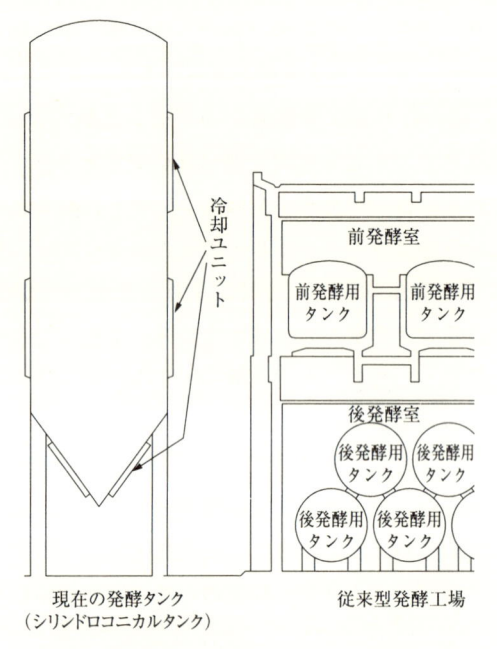

図 4.1 屋外設置型発酵タンク（シリンドロコニカルタンク）と従来型発酵設備との比較

業界でも取り組むようになったニューバイオテクノロジーの実用化研究に関しては，ジアセチル関連の多くの研究が行われ，現在に継続されている[11]．それらの研究で代表的なものは，固定化酵母を利用した熟成短縮技術[12,13]と，遺伝子組み換え酵母の育種[14-16]である．先進国ではビール需要の低迷，発展途上国では需要の急伸という社会的背景の下に，製品の多様化，低コストの製造法が求められており，ビールの製造技術は近い将来大きく変ぼうしていくのではないかと予想される．

4.2 ビールにおけるジアセチル臭の意義と用語上の注意

他の多くの酒類の場合と同様に，ジアセチル臭はビールにとってはあってはならない臭いである．また，ビール業界では，2.5「ジアセチル関連文献を読む際の留意点」で述べたことと関連して，ジアセチルとその類縁化合物に

ついて独特の呼び方が慣用されているのでそれらについて本節で解説する．

4.2.1 ジアセチル臭の弁別閾値

清涼感を最も期待されて飲用されるビールにとって，それを阻害するジアセチルの蒸れたような臭いはあってはならないものである．その臭いが検出される最低の濃度を示す弁別閾値は，ビールの種類や飲む人の感覚の違いによって当然同じではない．麦芽を多く使った香味が複雑で濃厚なビール，焦がした麦芽を使ってつくる黒ビール，さらには，発芽の進んだ麦芽を使う英国式のエールやスタウトなどでは，ジアセチル濃度がある程度高くても許される．反対に，ホップの苦みを押さえたすっきり味の，昨今のわが国の生ビールや麦芽発泡酒では，ごく低濃度に保つ必要がある．

日本人のジアセチルの弁別閾値について詳細に調べた木島の報告[17]によれば，現在のビールよりは苦みの強い，濃厚感のある1960年代のビールについてのものであるが，0.08mg/Lの濃度で60％の人（ビール醸造技術者）がジアセチル臭を検出し得たとしている．しかしこの濃度は，ジアセチルとペンタンジオンを同程度に発色するWest法[18]を用いて，ジアセチル相当0.03mg/Lと測定されたビールに0.05mg/Lの純品のジアセチルを添加した濃度である．通常，ビール中のジアセチルとペンタンジオンの存在比は2：1程度であり，両者の臭いの強さは5：1である[19]ので，この木島の報告のジアセチル臭の強さは，同じWest法で0.08mg/Lと測定されるビールの臭いの強さより，ジアセチルの存在比が高い分だけ強いことになる．ジアセチルとペンタンジオンの存在比が2：1である通常のビールに換算すると，その臭いの強さは，West法で0.10mg/Lと測定されるビールと同じということになる．前述のように，最近のわが国のビールは当時のものよりすっきりタイプとなっているので，各社の製品のジアセチル含量はこの濃度の半分程度に低減されている．欧米人はジアセチル臭の強い発酵乳製品を常食しているので，日本人よりジアセチル臭に鈍感であると言われていたが，近年では日本人とほぼ同程度の濃度(0.1mg/L)が弁別閾値として報告されている[19]．

4.2.2 ビール業界でのジアセチル用語

本書では統一を重んじ,「ジアセチル」を用いることとしているが,ビール業界では「ダイアセチル」と呼ぶ場合が多い.

また,ビール業界では「ジアセチルは発酵工程管理の重要な指標」となっている.しかし,3.1.1で述べたように,発酵工程中に酵母が生成するものはアセト乳酸であり,ジアセチルは発酵終了後にアセト乳酸の自動的な分解により生成してくるのである.したがって,ここでは,「アセト乳酸は発酵工程管理の重要な指標」と言わないと正確ではないことになる.しかし,製造現場の技術者にとっては,それまでジアセチルとして測定されていたものが実はアセト乳酸であったというだけのことであり,同じ製造方法をとっている限り発酵工程でのアセト乳酸の過剰生成は,製品におけるジアセチル臭発生につながることには変わりがない.そのため,アセト乳酸のことであってもジアセチルとしている場合が多い.特に,製造技術的なレポートの場合にはこの傾向が強い.

研究的なレポートでは当然,ジアセチルとアセト乳酸とは区別して論じられなければならないのであるが,両者を分別定量する簡便なよい方法がいまだ開発されていないこともあって,両者を敢えて区別する必要がない応用的な研究の場合には,「全ジアセチル (Total diacetyl)」,あるいは,「ジアセチル」として呼ばれている場合がある.これらの中には,ジアセチルあるいはアセト乳酸の同族体である,ペンタンジオンやアセトヒドロキシ酪酸も含まれていることがある(表2.14参照).このような表現は,誤解を生む恐れがあるので厳密に区別すべきであるが,上述の理由や,正確に記述することによりかえって難解になることを避けるために,敢えて区別していない場合がある.したがって,本書の第1部 基礎編に書かれている内容を理解したうえで,これから読もうとしているレポートの中で「ジアセチル」として論じられているものが,「ジアセチル」そのもののことなのか,その他の物質を含んでのものなのかどうかに,まず注意を払う必要がある.

4.3 ビール醸造工程でのジアセチルの生成メカニズム

ここではビールの製造工程を概説しながら，その工程でのジアセチル生成メカニズムについて述べる．

4.3.1 ビール製造工程

ビールの製造工程は図4.2に示すようである．すなわち，原料の麦芽を砕いて湯に入れると，麦芽の中の酵素によりでんぷん質が分解され，麦芽糖を主体とする糖が生成する．次いで，ろ過した清澄な糖液にホップを加えて煮沸し，苦みを付ける．ホップ粕を除いて再度清澄化した液に酵母を加えて，低温で発酵させる．糖分の大部分が発酵（前発酵）された段階でさらに温度を低くし，一定期間加圧できるタンク中で熟成（後発酵）をさせると，発生した炭酸ガスが発酵液に溶け込み，香味が調和したものとなる．それをろ過し，加熱処理（パストゥリゼーション）あるいは精密ろ過し，容器詰めして製品とする．

(1) 原　　料

ビールの原料は，麦芽，ホップ，水である．ドイツならびに限られたいくつかの国以外では，わが国も含めて，でんぷん質副原料（米やコーン）あるいは糖のシロップが併せて使われている．

麦芽とは，大麦に水分を与えてわずかに発芽させ，粒内のでんぷんを砕けやすくし，かつ，発芽を行なうための酵素（分解酵素群）を活性化させたものである．発芽した大麦は酵素が失活しないように，水分含量を低下させた後に乾燥させ，保存性のある状態で製品化されている．乾燥を強くして焦がし，色と香りを強めたもの，逆に弱くして酵素力を多く残したもの，乾燥時に煙をまぶして燻蒸臭を付けたもの，カラメルをまぶしたもの，小麦などの大麦以外の穀物からつくったものなどさまざまな麦芽製品があり，それらを混ぜて使用することによりいろいろなビールをつくることができる．ジアセチル臭の発生に関係する諸反応は，原料麦芽の種類や使い方により大きく違ってくる．

図 4.2 ビールの製造工程

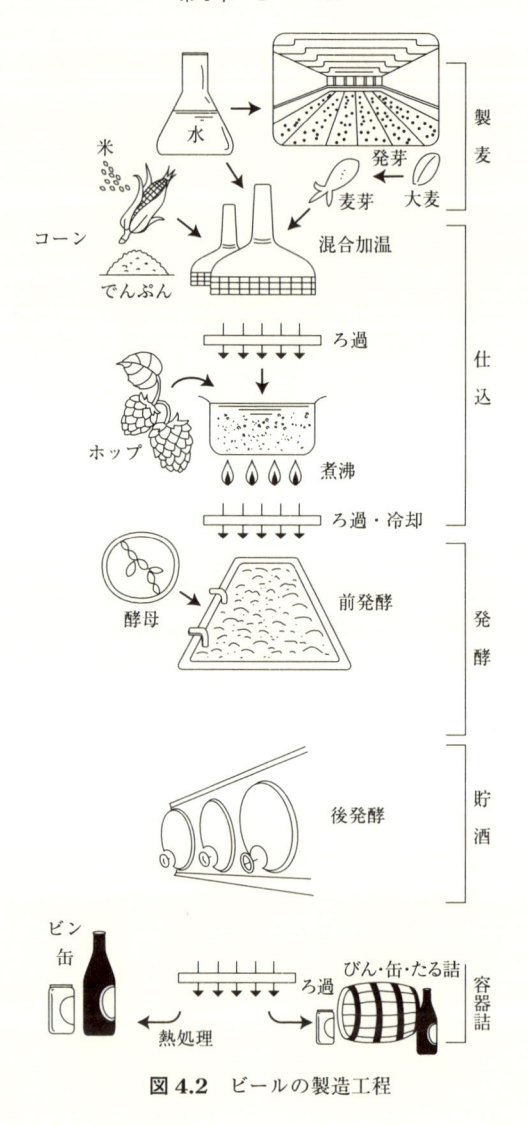

(2) 糖化工程

麦芽を砕いて湯に溶かすと，酵素が働いてでんぷん質が分解され糖が生成する．糖の主体は麦芽糖であるが，でんぷんが分解される際には各種の酵素が共同して働き，それらの酵素の強さのバランスによりできる糖液の組成が

微妙に変わってくる．湯の温度は，反応を早く進めるために酵素が失活するかしないかのギリギリの温度に設定される．しかし，酵素の耐熱性は種類によって一定ではないので，糖化の際の温度や時間は，最も適した糖組成を得るために微妙にプログラムされる．

　糖化工程中にはでんぷんの糖への分解とともに，タンパク質のアミノ酸への分解も進行する．タンパク質分解酵素は一般に耐熱性が弱いため，糖化の初期の低温期に行われる．もっとも，アミノ酸の生成は，その約2/3が麦芽製造工程中に既に進行しており，糖化工程で生成されるのはその残りの1/3である．各種の酒類の製造に共通している点であるが，醪中に窒素分（タンパク質）が多いと雑味が生ずるということで，窒素分の少ない原料を選んだり，清酒の場合には，原料米中の窒素分の多い糠部分を大きく削るなどの処理がなされる．ビールの場合には窒素分の少ない大粒大麦が選ばれるとともに，麦芽製造中での窒素分の可溶化も意図的に抑えられる．原料の一部にでんぷん質副原料を用いる理由のひとつも，窒素分を希釈して減量するためである．米を副原料として使用した場合にはそれに由来する窒素分もあるはずであるが，糖化に先立って必要な米でんぷん液化のための加熱温度が特に高いために，その際にタンパク質は変性し，酵素による分解を受けにくい形となる．そのために，米を副原料として使用しても，それに由来する窒素分の増加はほとんどなく，麦汁中の窒素分の濃度は，かえって麦芽の使用割合が減少した分だけ低下する．すなわち，麦汁中の窒素分の濃度は，実際には副原料の使用量には関係なく，麦芽の使用割合によって決まる．この濃度は，発酵中のアセト乳酸の生成に大きな影響を与える[20]．したがって，麦芽だけでつくられるオールモルトビールや，逆に副原料使用割合の多い麦芽発泡酒製造の場合におけるジアセチル関連物質の生成・消失の様子は，通常のビールの場合と大きく違ってくる（4.4で詳述）．

(3) 発　　酵

　ホップで苦味を与えられた麦汁は，冷却され，混濁物を除いてから，無菌の空気を吹き込まれて，酵母を接種される．ビール醸造では酵母のみが発酵に関与する．その酵母は，前回の発酵に使われてタンクの底に沈降したものが回収され，その一部が次回の発酵用の接種酵母として使われる．その酵母

の活性は変動がないように管理されてはいるが，通常は数回程度しか使われない．酵母の活性の変動，特にその増殖能の変動は，アセト乳酸の生成に大きく影響する．

　酵母が麦汁に接種される濃度は 15×10^6/ml 前後であり，非常に高濃度である．そのため，酵母は発酵中 2 回の出芽増殖を行って約 4 倍に増殖するのみで，早期に定常期の状態に入る．発酵温度は 10 ℃前後で，増殖の適温（20 ～ 25 ℃）より低く抑えられている．この酵母の増殖は，糖からのアルコール生成がまだ半分程度しか進行していない時点で停止し，それ以降のアルコール発酵は酵母が増殖しない定常期の状態で進行する．酵母は，この前半期の増殖を行っている期間中にアセト乳酸を生成する[20,21]．

(4)　熟成と製品化

　前発酵の後期には酵母の大部分が沈降し発酵は緩慢となる．その時点で発酵液は沈んだ酵母と分離され，冷却されて熟成に入る．0 ℃以下の低温で保持することにより，香味が熟成し，濁り成分も十分析出し，炭酸ガスを含んだビールとなる．熟成期間中には，アセト乳酸の分解が進行する．その期間の長さは発酵法によって大きく異なり，伝統的な方法では 1 ～ 1.5 カ月，速醸法では 2 ～ 3 週間である．熟成の終了したビールは熟成中の冷却により析出した混濁物質がろ過され，容器詰めされて製品となる．わが国のビールの大半は，特に入念なろ過がなされて，加熱殺菌されずに，いわゆる「生ビール」として製品となるが，世界の大部分の国のビールは，容器詰め後，低温加熱処理されて，残存する酵素の活性を止めてから製品とされる．したがって，酵母が多少残存していても加熱処理と同時に死滅させることができるので，ろ過は軽くされるのみである．

4.3.2　製造工程中のジアセチルならびにその関連物質の消長

　ビール製造工程中でのジアセチルの生成は，発酵が終り酵母が除去された後で，できあがったビール中に存在するアセト乳酸が自動的に分解するという仕組みで起こる（図 4.3，図 3.1 参照）[7,8]．ジアセチルの前駆体であるアセト乳酸は，発酵工程中に酵母により生成されたものである．その過程の詳細を，製造工程を追って以下に解説する．

4.3 ビール醸造工程でのジアセチルの生成メカニズム

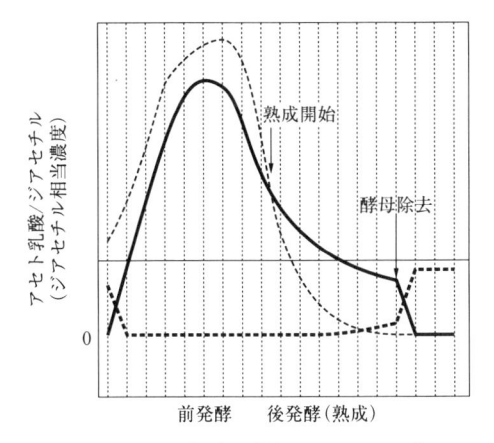

図 4.3 ビール製造工程中のジアセチルとアセト乳酸の消長（概念図）
──：アセト乳酸，・・・・・：ジアセチル
-----：浮遊酵母濃度，────：弁別閾値

(1) 前発酵工程でのアセト乳酸の生成

アセト乳酸の発酵液中での消長は，酵母増殖の開始とともに発酵液中に現れ，増殖停止のころに生成は終了し，その後減少していく（図4.3）[7,8]．

① 酵母の増殖とアセト乳酸生成との関係

アセト乳酸の生成は，詳細な観察によれば，麦汁への酵母添加の当初には見られず，酵母の増殖のための適応期の半ばから開始される（図4.4）[22]．発酵の初期に測定されるジアセチルは，麦汁調製段階での糖類の加熱によって糖類から化学的に生じたものである．このジアセチルは酵母によってアセトインに還元されて急速に麦汁中から消滅する．この時期にはまだ酵母細胞の出芽は観察されないが，細胞内での増殖のための代謝開始とともに，アセト乳酸の生成は開始されると考えられる．すなわち，3.1.2でも述べたように，酵母は増殖のためにアミノ酸を合成し，それを用いて自らの菌体タンパク質を生成する．このアミノ酸合成の過程で，バリン合成の中間体として生成されるのがアセト乳酸であり（図3.2参照）[23]，イソロイシンの中間体がアセトヒドロキシ酪酸（ペンタンジオンの前駆体）（表2.14参照）である．これらのアセト乳酸やアセトヒドロキシ酪酸のほとんどが，バリンあるいはイソロ

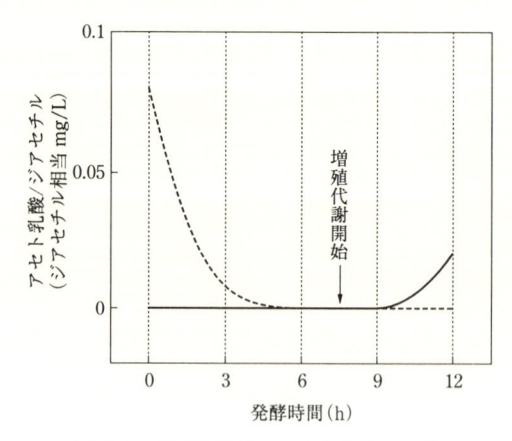

図 4.4　発酵開始時のアセト乳酸の生成
────：アセト乳酸,　-----：ジアセチル

イシンの合成に使われるが，それらの一部が前後の反応に関与する酵素の活性の差によって滞留し，細胞外に漏出してくる．

　酵素の活性は，酵素自体の濃度とともに NADH などの補酵素の供給状況によっても決まってくる．ビール酵母の場合，先天的に呼吸活性が低いので，増殖に適した環境条件が与えられても補酵素の供給が間に合わず，かえって，アセト乳酸などの中間代謝生成物が多く生成する結果となる．したがって，発酵工程中の酵母の増殖程度に影響を与える酵母接種濃度，麦汁への通気量とそのタイミング，発酵温度などは厳密に管理される．これらの管理は，アセト乳酸生成調節のために最も重要であると言っても過言ではない．これらは，発酵方法，接種される酵母の活性とも関連して管理される．

　② 発酵中の酵母によるバリン摂取とアセト乳酸生成との関係[20]

　この間のアセト乳酸の生成についてより詳しく説明すると，3.1.2(2) でも説明したように，酵母細胞内のアセト乳酸合成酵素の活性は細胞内のバリンの濃度によって制御されている．実際のビール製造に際しての発酵タンク中では，前発酵中期以降に酵母が沈降していくので解析が困難であるが，麦汁を撹拌し，酵母が沈降しない状態で発酵させて観察してみると，細胞内のバリンの濃度は，酵母が麦汁中からバリンをまだ摂取していない時期には低

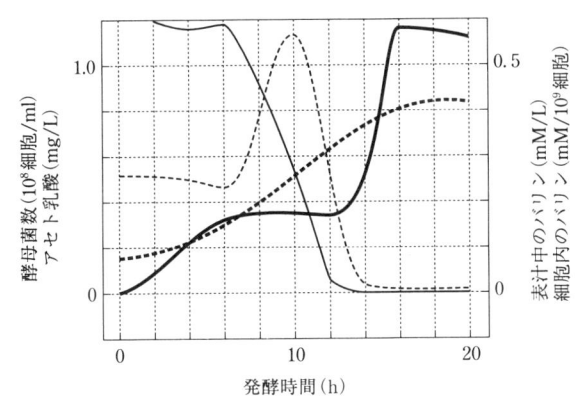

4.3 ビール醸造工程でのジアセチルの生成メカニズム

図 4.5 撹拌発酵の場合におけるアセト乳酸の生成とバリンの消長

―――：アセト乳酸，------：酵母菌数
―――：麦汁中のバリン，------：酵母細胞内のバリン

表 4.1 麦汁中のアミノ酸の酵母に摂取されていく順序[24]

早期に摂取される グループ	漸時摂取が開始される グループ	緩慢に摂取される グループ	摂取されない グループ
セリン リジン スレオニン アスパラギン グルタミン アルギニン アスパラギン酸 グルタミン酸	ロイシン メチオニン イソロイシン ヒスチジン バリン	トリプトファン アンモニア アラニン グリシン フェニルアラニン チロシン	プロリン

く，活発に摂取している時期には高くなっている（図4.5）．そして，麦汁中へのアセト乳酸の生成は，前者の時期には見られるが，後者の時期には停止している．麦汁中でのバリンの消長を調べてみると，全発酵期間を通じて平均して減少していくのではなく，ある時期に集中して減少している[24]．これは，各アミノ酸に対応する透過酵素群が，能動的に各アミノ酸を酵母細胞に取り込むため，当該透過酵素群に対する各アミノ酸の親和性の差によって，取り込まれる順序が決まってくる（表4.1）という現象のためである．バリンは中程度に取り込まれやすいアミノ酸であるので，酵母増殖期の中期に専

表 4.2 前発酵終了後に発酵液中に残存しているアミノ酸の割合 (%)

アミノ酸名	伝統的な発酵法による場合	速醸法による場合
セリン（含アスパラギン，グルタミン）	3	0
リジン	8	6
スレオニン	12	8
アルギニン	42	21
アスパラギン酸	37	0
グルタミン酸	44	30
ロイシン	15	0
メチオニン	21	0
イソロイシン	27	5
ヒスチジン	63	50
バリン	51	13
トリプトファン	80	74
アンモニア	62	
アラニン	100	45
グリシン	100	55
フェニルアラニン	56	22
チロシン	74	32
プロリン	100	94

ら取り込まれ，その時期にはアセト乳酸の生成が停止する現象が観察される（図 4.5）[20]．

　この現象はビール醸造におけるアセト乳酸生成の調節に大きな意味をもっている．すなわち，伝統的な方法でつくられたビール中にはバリンが消費し尽くされずにまだ相当濃度残っている（表 4.2）[25]．つまり，発酵中の酵母の増殖が，バリンを消費し尽くさない程度で終了しており，それにより，アセト乳酸の生成が一時停止した状態で終了し，結果としてアセト乳酸生成濃度が低く抑えられているのである（図 4.6）．接種酵母の活性の変化，製造条件の変動などにより，酵母の増殖程度が変動すると，バリンの被消費程度が変動し，アセト乳酸の生成濃度に影響してくる[20,26]．また，原料品質の変動などにより麦汁中のアミノ酸濃度が変動すると，発酵中にバリンが消費し尽くされる可能性もあり，アセト乳酸の生成に大きな影響が出る．このことについては，4.4 でより具体的に述べる．

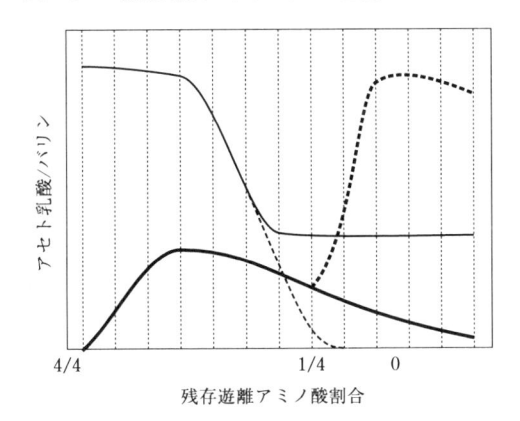

4.3 ビール醸造工程でのジアセチルの生成メカニズム

図 4.6 静置発酵と撹拌発酵に際してのバリン消費と
アセト乳酸生成の状況（概念図）
　―――：バリン消費
　―――：静置発酵におけるアセト乳酸の消長
　-----：撹拌発酵におけるバリン消費
　-----：撹拌発酵におけるアセト乳酸の消長

（2） 前発酵後期からのアセト乳酸濃度の低下

① アセト乳酸消失の開始

　発酵中のアセト乳酸の生成は，酵母が増殖している前発酵前半期に行われる．前発酵中の酵母の増殖は通常 2 回の出芽のみで前発酵中期に終わり，それ以降は，酵母の増殖のない状態でアルコール発酵が進行する[27]．その中でアセト乳酸の生成は，バリンの消費開始とともに停止し，また酵母の増殖が停止すると停止する（図 4.3）．増殖停止に伴うどの反応との関係でアセト乳酸の生成停止が起こるかについての詳細はわかっていない．実際の発酵状態の中では，前発酵中期以降から酵母細胞どうしが凝集し始め，その凝塊の沈降が起こるため，浮遊して液中に存在する酵母濃度が減少し，アセト乳酸の生成はそれに伴って徐々に減少するように観察される．しかし，酵母の沈降が起こらぬように撹拌した状態で発酵を行うと，アセト乳酸の生成は急激に停止し，その後はアセト乳酸濃度の減少のみが進行することがわかる[20]（図 4.5）．

表 4.3 アセト乳酸の分解に対する酵母の関与

反応系組成		アセト乳酸濃度(mg/L)	
アセト乳酸	酵母	0 時間	3 時間
+	+	1.9	1.6
+	−	1.9	1.6
−	+	0	0

注）M/15 リン酸カリ緩衝液に，アセト乳酸 2mg/L，酵母 10^8/mLを添加し室温で振盪した．反応後，遠心分離で酵母を除き，上澄液中のアセト乳酸をジアセチルに転換後測定した．

② アセト乳酸分解の様式

このアセト乳酸濃度の減少は，酵母による摂取によるのではなく，アセト乳酸の自動的な分解によるのである．すなわち，酵母の存在に関係なくアセト乳酸濃度の減少は進行する（表 4.3）[8]．アセト乳酸は 2.3 で述べたように酸性の条件下で自動的に分解し，その場の酸化還元電位に応じてジアセチル，あるいは，アセトインとなる（図 2.3 参照）．生じたジアセチルは発酵液中に存在する酵母により直ちに摂取され，アセトインに還元されて発酵液中から消失する（図 3.1 参照）．したがって，酵母が十分な濃度で存在する発酵液中にはジアセチルは検出されない（図 4.3）．ジアセチルの還元や，アセト乳酸の分解により直接生成したアセトインは，さらに還元されてブタンジオールとなるが，アセトインはアセトアルデヒドとの縮合反応によっても大量に生成されるので，アセトインはジアセチルと違って，酵母が存在する発酵液中にも検出される．

アセト乳酸の分解は発酵液中であっても，2.3.3 で述べたように，pH が低いほど反応速度は早く，温度的には 10 ℃の上昇により約 3.5 倍に加速される．しかし，ビールの熟成工程の中で進行する諸反応の中で，アセト乳酸の分解は最も時間を要する，遅い反応である．したがって，醸造期間短縮のために，その分解を速めるいろいろな方法が開発されている．それらについては，4.4.2 で紹介する．

③ 酵母によるジアセチルの還元

酵母のジアセチル還元能は非常に強いため，発酵液中に添加したジアセチ

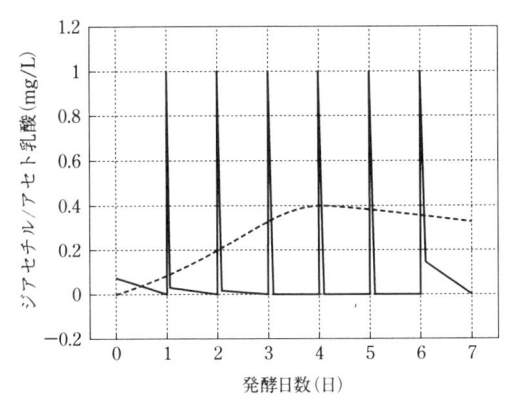

4.3 ビール醸造工程でのジアセチルの生成メカニズム

図4.7 発酵経過中1日ごとにジアセチルを
添加した場合の,ジアセチルの消長
——:ジアセチル,-----:アセト乳酸

ルは直ちに還元されて液中には検出されなくなる(図4.7)[8]. 発酵液中のアセト乳酸の存在がまだ確認されておらず,誤ってジアセチルとして分析されていた時代にも,製品になると強いジアセチル臭を呈するビールであっても,発酵中は臭いがないことが製造現場では知られていた[3,28-30]. その理由として,ジアセチル臭が何か他の臭いにマスクされているからだとされていたが,アセト乳酸の発見により,発酵中はジアセチルがもともと存在しなかったために臭いがなかったのであることが,今では明らかとなっている.

浮遊して存在する酵母の濃度が低下する後発酵(熟成)工程の末期には,発酵系全体としてのジアセチル還元能は低下する.実際のビール醸造の場において,アセト乳酸が,ジアセチルとアセトインにどの程度の割合で分解しているかは,酸化還元電位によって決まることはわかっている[31]が,まだ詳しく解析されていない.しかし,熟成の初期から酵母が極端に沈んでしまった場合,あるいは,熟成の後期に浮遊酵母濃度が低くなってしまった場合には,酸化還元電位は高まり,ジアセチルへの分解割合が高くなり,また,系全体のジアセチル還元能が低下して,ジアセチルの一部が還元し尽くされずにビール中に残存することになる.

酵母の,ジアセチルとペンタンジオンに対する還元能は図4.8,表4.4に示すようである[20]. アセト乳酸の分解速度定数は2.3.3に示したように,

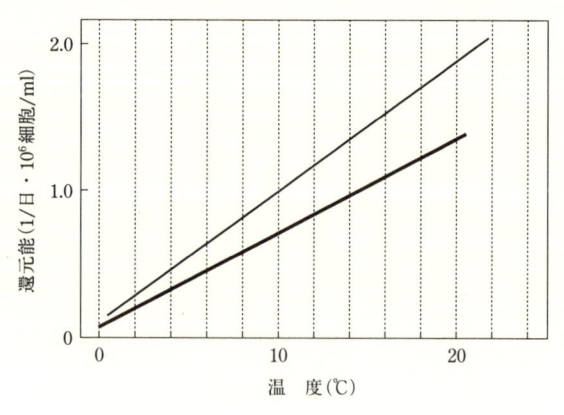

図 4.8 酵母のジアセチル，ペンタンジオン還元能
──：ジアセチル，──：ペンタンジオン

表 4.4 各種酵母のジアセチル還元速度（1/日・10^6細胞/ml，2℃）

下面発酵ビール酵母 I	0.26
下面発酵ビール酵母 II	0.18
下面発酵ビール酵母 III	0.27
上面発酵ビール酵母	0.26
パン酵母	0.23
ワイン酵母	0.17

$\log k$ (1/日) $= 0.06 \theta - 1.22$ であるので，アセト乳酸がすべてジアセチルに分解するとした場合，アセト乳酸の分解速度とジアセチルの被還元速度は，8℃においては 1.7×10^6/ml の酵母濃度の場合に等しくなると計算される．すなわち，前発酵開始時の酵母濃度ではジアセチルの被還元速度はアセト乳酸の分解速度の約 10 倍，発酵最盛期では約 40 倍と計算される．したがって，前発酵液中には，ジアセチルは検出されるほどの濃度では存在しないのである．伝統的な後発酵（熟成）タンク内での酵母濃度の経時的変化の一例は図 4.9 のようであり，浮遊して存在する酵母中の生菌率（表 4.5）を考慮すると，後発酵の後期には発酵液中にジアセチル濃度が高まることは十分に考えられる．しかし，そうではあってもジアセチル濃度は，数十 μg/L レベルであるので，同濃度レベルで存在するアセト乳酸と分別して正確に定量することは現在の技術では不可能である．

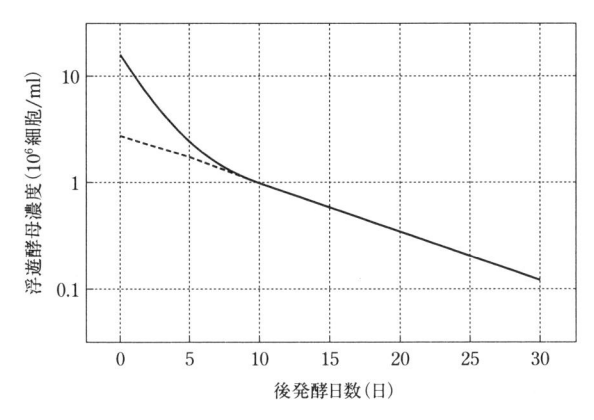

4.3 ビール醸造工程でのジアセチルの生成メカニズム

図 4.9 伝統的醸造法の後発酵タンク中での酵母濃度の経時的変化
────：実測値，-----：対数的な減少経過

表 4.5 伝統的醸造法の後発酵における浮遊酵母生菌率の変化

後発酵経過日数	タンク 1		タンク 2	
	細胞濃度 (10^6/ml)	生菌率 (%)	細胞濃度 (10^6/ml)	生菌率 (%)
5	3.3	86	6.8	92
10	1.9	59	1.9	63
15	1.1	54	1.0	54

注）横置き円筒型タンクの中央部より発酵液試料を採取．生菌数はメチレンブルー法で測定．

(3) 発酵終了後のアセト乳酸の分解

　酵母が存在する液中でのアセト乳酸の分解の様子は上述の通りであるが，その反応は酵母が存在しなくても進行する反応であるので（表4.3），発酵（熟成）が終了し，酵母がろ過により除去されてビールが清澄化され，製品化された後にもみられる．しかし，この場合には，ろ過，容器詰めの工程で，わずかながらもビール中への酸素の混入があり，酸化還元電位が上昇している．したがって，この工程でのアセト乳酸の分解生成物はほぼ100％ジアセチルとなる．

　すなわち，製品となった状態でのビール中のジアセチルの濃度は，ろ過される際にビール中に残存していたアセト乳酸濃度と，そのビール中にアセト

インに還元され切らずに残存していたジアセチル濃度の和となる（図4.3）。この濃度の和がジアセチルの弁別閾値より低いとジアセチル臭の感じられぬ，清涼感のあるビールとなるが，高いとジアセチル臭が感じられることになるのである．そのため，この濃度の和は「全（トータル）ジアセチル」と呼ばれて，熟成工程における管理指標として重要視されている．

4.4 ジアセチル臭発生の制御

伝統的なビール醸造法による場合のジアセチル関連物質の消長は前項で述べた通りである．しかし，ビールの場合には他の酒類の場合と違ってジアセチル臭の感じられるビールが事故的にできてしまう原因が多くある．それらは大きく二つに分けられ，その一つは酵母の異常発酵であり，もう一つは乳酸菌による汚染である．そして前者の原因は，アセト乳酸の過剰生成，アセト乳酸の消失遅滞，酵母によるジアセチル還元の不良に分けられる．

また，アセト乳酸濃度の低減は，ビールの製造工程の中でもっとも時間を要する反応であるために，醸造期間の短縮を目的として，その生成を抑制し，あるいはアセト乳酸濃度の低減を促進するための技術が数多く開発されてきている．それらについても本節で述べる．

4.4.1 発酵中のアセト乳酸過剰生成の抑制

発酵中のアセト乳酸の過剰生成の原因としては，酵母の旺盛すぎた増殖による場合と，反対に，酵母の増殖が抑制されたための場合とがある．それらの原因としては，製造条件の変動や，麦汁成分組成の変動による場合，酵母の性質の変化による場合などがある．これらはすべて酵母による麦汁中からのバリン消費との関係で生ずる現象であるので，発酵中の酵母の増殖程度に大きく影響を受ける．したがって，発酵工程管理が酵母の増殖に関する指標により行われれば管理されやすい[21]のであるが，現在はほとんどの場合，より簡便ではあるが酵母の増殖状態を反映する程度が小さいアルコール発酵の進行を管理することで行われている．したがって，工程中で異常を発見するのはほとんど不可能なのが現状である．

4.4 ジアセチル臭発生の制御

(1) 発酵中のバリン消費し尽くしによるアセト乳酸過剰生成の防止 [20]

　発酵中の酵母の増殖がある限度以上に盛んになると，アミノ酸消費が過度に進み，麦汁中からバリンが消費し尽くされる結果を招く．しかし，酵母はバリン消費し尽くし後もまだ増殖を続けているので，菌体タンパク質合成のためにバリンの生合成系が抑制から解放され，再び働き始める．そして，アセト乳酸の菌体外への漏出が起こる結果となる（図4.5）．麦汁中からバリンを取り込んで利用できないという点では，この時期の酵母の状態は，バリン取り込み開始以前の，発酵初期と同じではあるが，発酵初期にはバリンは他の多くのアミノ酸と競合的に取り込みを抑制されているだけで，全く取り込まれていないわけではない．したがって，アセト乳酸の合成はわずかに行われている．しかし，麦汁中からバリンが消費し尽くされた後の状況下では，細胞内のバリン濃度は生合成された分しかないので抑制程度は弱く，はるかに激しいアセト乳酸の生成，漏出が起こる結果となる．

　その上，3.1.2(2)でも説明したように，酵母細胞内のアセト乳酸合成酵素活性は，バリン濃度とともに，ピルビン酸濃度によっても調節される（図3.2参照）[32]．ピルビン酸濃度が高いとアセト乳酸合成酵素活性の抑制される程度が鈍くなり，より多くのアセト乳酸が生成される．酵母細胞内のピルビン酸濃度は，利用できるNADHの濃度によって決まり，その濃度はエネルギー代謝（呼吸）経路の活性度合によって決まってくる．したがって，発酵初期の，酵母が溶存酸素を吸収し，そのエネルギー代謝が盛んな時期にはピルビン酸濃度が低いため抑制がよく働き，後期になるにつれて抑制が働きにくくなる．そのため，撹拌発酵の場合には発酵液中からのバリンがほぼ完全に消費し尽くされることによって再開されるアセト乳酸の生成が，発酵後期に，より嫌気的となる静置発酵の場合には，バリンが消費し尽くされる以前から再開される傾向がある．すなわち，静置発酵で行われている実製造の場（速醸法をとらない場合）では，厳密にはバリンがある程度（条件にもよるが0.1mM以上）残るような管理をする必要がある．

　麦汁中でのバリン消費し尽くしによるアセト乳酸の過剰生成は，通常よりも温度を高めて発酵させた場合，発酵タンクを満量にするために麦汁を何回にも分けて投入し，結果として酸素供給過剰となった場合[33]などに発生す

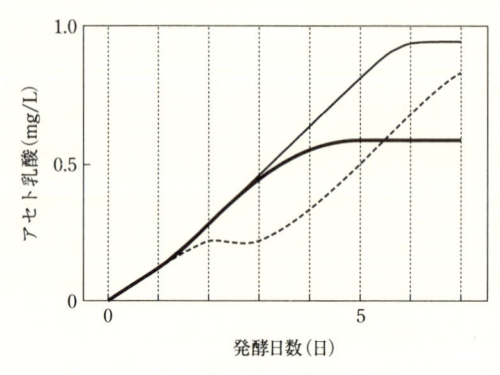

図 4.10 麦汁中のアミノ酸濃度に対応した
アセト乳酸の生成

―――：223 mgN/L，――：147 mgN/L
-----：69 mgN/L

る．また，麦汁が過度に濁っている場合にも，濁り成分は酵母の代謝に対して酸素の代替効果のある不飽和脂肪酸を多量に含んでいるので，酵母の過剰増殖によるバリン消費を引き起こす可能性がある．撹拌発酵など，速醸のための新規な発酵形式をとった場合に，往々にして高濃度のアセト乳酸の生成が起こるのも，酵母の増殖を抑制している炭酸ガスの過飽和状態[34]を解消させて，過剰増殖を引き起こしてしまったためである．

また，麦汁中のアミノ酸の濃度が低い場合には，発酵中のバリン消費し尽くしが起こりやすいことになる（図4.10）[20,35,36]．著者の調べた限りでは，プロリンを除く全アミノ酸中のバリンの存在割合は，使用大麦の種類，大麦の窒素含量，麦芽粒中の部位などにより，大きく変動することはなくほぼ一定であった．したがって，バリン濃度を麦汁中のアミノ酸濃度と切り離して調節することは，ビール大麦以外の窒素系副原料でも使用しない限り不可能である．したがって，麦汁中のアミノ酸濃度が低い場合には，麦汁への通気量を減ずる，発酵温度を低くするなどの方法により，酵母の増殖を抑制する必要がある．このようなことから，伝統的な発酵法を採る場合には，副原料の使用割合は，麦芽の約半量程度までが限度であった．

麦芽の使用割合が25％以下である麦芽発泡酒の製造に際しては，麦汁中

のアミノ酸の含有量が極端に低いため,アセト乳酸の生成状況は通常のビール製造の場合と全く異なっており,製造法全体を変更して対応する必要がある.逆に,副原料を全く使用しないオールモルトビールの場合には,発酵温度を上げたり,通気量を増加させたりしても,発酵中にバリンが消費し尽くされる危険性は小さく,アセト乳酸生成にはそれほどの影響はない.すなわち,副原料を使用した場合の発酵法は,使用しない場合と比べると,はるかに厳密な工程管理が要求されるのである.

前発酵中のバリン消費し尽くしによるアセト乳酸の過剰生成は,麦汁組成に変動がない場合には酵母のアミノ酸消費の程度と関係が深いので,酵母の活性や添加割合が関係してくる.麦汁の発酵条件はこれらの変動に対応して調節されなければならない.一般的に,前発酵後期に細胞どうしが凝集して沈降する性質(凝集性)の強い酵母は,発酵初期の増殖力が旺盛である傾向があり,この時期のアセト乳酸生成濃度は低めである.しかし,そのような酵母は発酵後期に激しく沈降し,そのために液中に浮遊して存在する酵母濃度が低下し,酸化還元電位が高まると,ジアセチルの残存濃度が高まる恐れがあるために,極端に凝集性の強い酵母は使用できない.浮遊性の強い酵母はこの逆の傾向がある.酵母の凝集性の程度は,発酵条件や使用するタンクの形状の影響を受けて変動するので,ジアセチル管理の観点だけから言っても,それらの諸条件に対応した適切な酵母を使用する必要がある.

(2) 抑制された酵母増殖によるアセト乳酸過剰生成の防止[26]

酵母の増殖が旺盛すぎる場合にアセト乳酸の過剰生成が起こるのと反対に,酵母の増殖が抑制されている場合にもアセト乳酸の過剰生成が起こる.これは,酵母細胞によるバリンの取り込み開始が遅延したことによるものである.つまり,酵母の増殖が抑制されているとバリン生合成経路の活性も低いが,アセト乳酸合成酵素に対するバリンの阻害を緩和するピルビン酸の濃度が高くなるため,より多くのアセト乳酸が生成されると考えられる.すなわち,酵母の酸化還元代謝経路の活性が低く,ATPの生成が少なく,酵母の増殖が抑制されている状態では,NADHの供給が不足し,ピルビン酸やアセトアルデヒドが蓄積する結果となり,バリンのアセト乳酸合成酵素に対する阻害効果が働きにくい状態となるのである(図3.2参照)[31].

表 4.6 麦汁への通気程度を変えた場合のアセト乳酸生成濃度の変化

麦汁への通気程度[a]	系1	系2	系3	系4
酵母増殖倍率	3.8	3.8	4.0	4.8
アセト乳酸生成濃度(mg/L)[b]	0.89	0.82	0.76	0.68
pH	4.60	4.56	4.46	4.13
残存バリン濃度(mM)	0.40	0.37	0.17	0.00

a) 炭酸ガスを満たした容器中で減圧処理を繰り返し,溶存酸素を除いた麦汁に酵母を接種し,
系1:炭酸ガスを満たした容器中で発酵,系2:内部の空気を置換しない容器中で発酵,
系3:よく振盪撹拌後,系2の容器中で発酵,系4:よく振盪撹拌後1夜静置し,その後系3の処理をして発酵.
b) アセト乳酸生成の休止期における濃度.

表 4.7 液深の大きなシリンドロコニカルタンクを使用した場合のアセトヒドロキシ酸の過剰生成例

	伝統的発酵タンク	シリンドロコニカルタンク
発酵所要日数	7	7
前発酵終了時糖度(%Plato)	3.0	3.0
アセトヒドロキシ酸生成濃度(mg/L)	0.19	0.72
pH	4.13	4.29
遊離アミノ酸濃度(mgN/L)	141	167
全窒素濃度(mgN/L)	490	535

注)分析値はいずれも前発酵終了時点のもの.

実際の発酵においては,長期の保存や冷却が不十分な条件下での保存により弱ってしまった酵母を使用した場合や,麦汁への初期の通気量が不足した場合(表 4.6),深い発酵タンクで酵母が強い水圧を受けている場合(表 4.7)などで,このような現象が見られる.対策としては,何らかの方法で酵母の増殖を促進してやればよいわけであるが,発酵の途中から通気をしたり,酵母を追加添加したりするのでは,厳密な管理はできず,かえって症状をひどくする結果となる.採り得る対策は温度の調節程度である.

酵母においては,細胞質変異である呼吸能欠損が起こりやすい.この呼吸能欠損酵母は,酸化還元代謝経路の活性が低いという上記と同じ理由で,高濃度のアセト乳酸を生成する(表 4.8)[37].何らかの理由でこの変異株の割合の高い接種酵母を使用してしまうと,高濃度のアセト乳酸が生成してしまう.

表4.8 呼吸能欠損酵母を発酵に用いた場合のアセト乳酸の過剰生成

	下面発酵ビール酵母U	左の呼吸能欠損株
酵母増殖倍率	3.4	2.0
残存糖濃度(g麦芽糖/L)	21	57
残存アミノ酸(mM)	6.6	11.0
残存バリン(mM)	0.31	0.66
アセト乳酸(mg/L)	0.84	13.4

　酵母の増殖が抑制されている場合でなくても，麦汁中のアミノ酸濃度が高い場合には，バリンより早期に酵母細胞に取り込まれるアミノ酸の濃度が絶対的に高いために，バリンの取り込み開始が遅れ，そのためにアセト乳酸がより多く生成されることになる（図4.10）[19]．オールモルトビールの製造においては副原料を使用しないので，麦汁中のアミノ酸濃度が高く，このためにアセト乳酸の生成濃度も高く，より長期の熟成期間が必要となってくる．

(3) アセト乳酸生成を少なくするための発酵法

　アセト乳酸生成を少なくするための発酵方法について，これまでに述べてきたことをまとめると，
① 前発酵中にバリンが消費し尽くされないように管理する
② バリンの消費が開始するまでの酵母増殖を旺盛にさせる
ということになる．

　①のためには，酵母の増殖を一定限度以上には行わせないことが必要である．その限度については，アミノ酸消費の限度値を目安として提示している報告もある[35]が，その値は発酵前の麦汁中に存在したアミノ酸（あるいは，バリン）の含有量によって一定ではあり得ないので，指標にはならない．著者は，ニンヒドリン法で測定される麦汁中アミノ酸（FAN）濃度の1／4以上がビール中に残存するように管理することを提唱した[26]．しかし，そのための発酵方法は，使用酵母の性質，原麦汁中のアミノ酸の濃度，タンクの形状などによって変わるので，これだという方法を画一的に提案することはできない．すなわち，各醸造者がこの原麦汁中に存在したアミノ酸の1／4が発酵終了後に残存するという数値目標を目指して，適切な条件設定を工夫することになる．

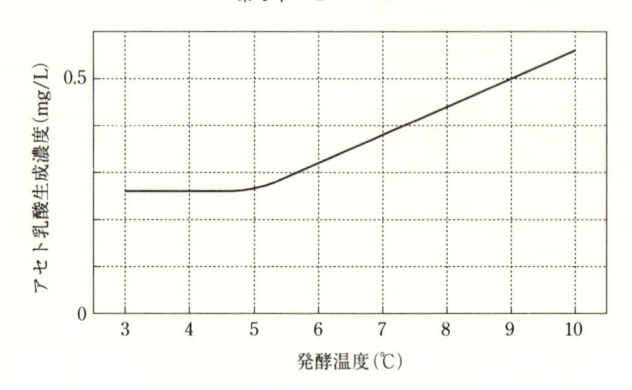

図 4.11 発酵温度とジアセチル休止期におけるアセト乳酸生成濃度との関係

②のためには,「元気のよい」酵母を用い,必要な量の酸素を発酵の初期に限定して与え,できるだけ低温で発酵を開始させることである.「元気のよい酵母」とは,品種にもよるが,前回の発酵中の回収時期,回収後の保存条件,保存期間などが影響する.現在多用されている,発酵中にジアセチル休止期間(4.4.2 で説明)をおく発酵法においては,当該期間の終了時以前に酵母を回収する必要性が昨今では強調されている[38].当該期間中の酵母は増殖を既に停止した定常期の酵母であるため,時間の経過とともに自家発酵を行い衰弱してきているためである.ジアセチル休止期間をおかない伝統的な発酵法においては,この時期の発酵液は徐冷されつつあり,増殖停止後早い時期に回収されるため,「元気のよい酵母」が回収できる.前発酵開始時に供給が必要な酸素量については,21 〜 26mg 酸素/g 乾燥酵母量(約 30mg 酸素/L 麦汁)が提唱されている[39].しかし,同じ酸素量であっても初期に限定して与える必要があり,麦汁への酵母接種後 24 時間以内[40] などといわれている.しかしこの量や時間も,麦汁中の窒素濃度,発酵温度などにより変りうるものである.

また,前発酵におけるアセト乳酸の生成は低温である方が少ないことが認められている(図 4.11).これは,アミノ酸取り込みに関係する酵母の諸アミノ酸透過酵素の温度感受性が同一でないために,アミノ酸の取り込み順序が変わってくるためである[41].②の点で注意しなければならないことは,

4.4 ジアセチル臭発生の制御

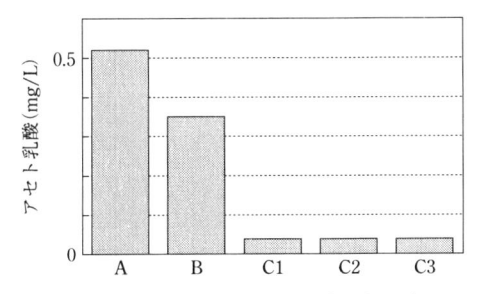

図 4.12 変異株によるアセト乳酸生成の低下[45]
A：親株，B：選抜された変異株，C：変異を重ねた株

「元気のよい酵母」は往々にして過剰な増殖をしてしまうので，①で述べたことに留意して発酵を調節する必要がある．

アセト乳酸は不安定な化合物であり，酸性条件下では脱炭酸を起こしてアセトインあるいはジアセチルに分解する．麦汁のpHは当初5.5程度であり，発酵の進行とともに4.2程度まで低下する．また，アセト乳酸の生成が起こっている発酵の初期であっても，生成したアセト乳酸の一部は分解を始めているのである．したがって麦汁を調製する際に酸を加えたり，乳酸菌による発酵をあらかじめ行ったりしてそのpHを下げる方法が，糖化の効率化，あるいは，発酵に際しての細菌汚染防止のために採られている場合がある[42]．この場合にはアセト乳酸の分解もより激しく進み，結果としてアセト乳酸の生成濃度が低く抑えられることとなる．同様に，アセト乳酸脱炭酸酵素剤を発酵の初期から添加することによってもアセト乳酸の生成を抑えることができる[43]．この酵素剤は酸性条件下では活性が低く，中性に近いpH条件下で活性が高いため，初期段階での添加が効果的である．

(4) 変異株の利用

発酵工程でのアセト乳酸の生成濃度は，その後の熟成に必要な期間を決定する重要な要因であるために，これまで述べてきたように，その過剰生成を防止するための工程管理がきめ細かくなされている．しかし，使用する酵母がアセト乳酸生産性の低いものであれば，熟成期間の短縮に効果的であるばかりでなく，発酵法変更への自由度がより増すことにもなる．そこでこのような変異株を得る試みがいろいろとなされてきている．最初にその試みを行

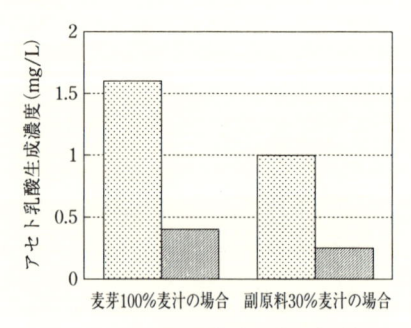

図 4.13 アセト乳酸脱炭酸酵素遺伝子導入ビール酵母によるアセト乳酸生成の低下[47]

▨：親株の場合
▨：遺伝子組み換えビール酵母による場合

った Masschelein 一派[44]は，アセト乳酸合成酵素欠損変異株を得て試みたが，プロパノールの生成が異常に増加するなど，正常な発酵をしなかった．

その後，Carlsberg 社の研究者たちは，アセト乳酸合成酵素に対する阻害剤である Sulfometuronmethyl 耐性株の中から感受性株を選ぶ手法で，発酵挙動が正常でありながらアセト乳酸生成程度の少ない株の取得に成功した（図 4.12）[45]．この手法は，世界各地で応用され，実用化されている．Masschelein らの得た変異株とこの変異株との違いは，後者の株は，複数存在するイソ酵素（isozyme）の一部を欠損させているという点である．

(5) 遺伝子組み換え株の利用

遺伝子組み換えの手法を利用してアセト乳酸生成程度の低い株を得ようとする試みも，これまでに数多くなされている．ねらいとしては，アセト乳酸合成酵素活性を抑制する[16]，アセト乳酸からバリンへの代謝を活性化する[14]，あるいは，アセト乳酸を他の代謝系へ誘導する[46,47]，などがある．著者らは，酢酸菌由来のアセト乳酸脱炭酸酵素遺伝子を導入することにより，アセト乳酸生成能の低い，安定な株を得ることに成功している[48]（図 4.13）．わが国では遺伝子組み換え生物の利用に対する反対論が強く，これらの組み換え株はいまだ実用化されていない．

4.4.2 アセト乳酸分解の促進

前発酵中の酵母がバリンの取り込みを開始，あるいは，その増殖を停止するとアセト乳酸の生成は停止し，それ以降はアセト乳酸の自動的な化学的分解が進行する．それ以前の時期にもアセト乳酸の分解は起こっているのであるが，アセト乳酸の生成が停止するために顕在化するのである．分解は，酸性条件下で進行し，10℃の温度上昇により約 3.5 倍に加速される[20]．アセト乳酸の分解は 1 次反応によって進行し（表 2.7），脱炭酸を引き金として起こる[49]．酸化還元電位の低い条件下ではアセトインが，高い条件下ではジアセチルが生成する[49,50]．

ビールの製品化のために発酵液がろ過されて酵母が除去されると，その時点で液中に残存していたアセト乳酸は製全量ジアセチルとなる（図 4.3）ため，発酵液中のアセト乳酸濃度がジアセチルの弁別閾値以下となった時点が熟成の終了時点となる．熟成工程に求められるその他の反応は，通常すべてそれ以前に完了しているため，アセト乳酸の分解は熟成の進行を事実上律している．熟成工程は，ビールの製造工程の中で最も時間を要するので，時間短縮のためにいろいろな方法が研究開発され，実用化されている．この工程は既に酵母の増殖が終了した後であるので，そのための条件変化がビールの香味成分の組成に及ぼす影響は比較的少なく，新技術を導入しやすい工程であるといえる．以下，それらの新技術についても紹介する．

(1) 前発酵後期の冷却開始の延期

アセト乳酸の分解は温度の上昇によって加速される．したがって，通常行われる前発酵後期の冷却を遅らせ，発酵最盛時の温度を保つことによって，アセト乳酸の分解を促進することができる．しかし，後発酵工程での温度調節を空冷式で行っていた伝統的な発酵方式（図 4.1）の場合には，温度のまだ高い前発酵終了液を，その後の熟成工程で必要な低温保持のために，その後短時間で冷却することができず，この方式を採るには限界があった．しかし，1970 年代から急速に普及した屋外設置型シリンドロコニカルタンク（図 4.1）[9]の場合には，温度調節が，タンク壁に直接巻き付けられたジャケットにより実施可能であるため，アルコール発酵終了後にもしばらく温度をそのままに（あるいは，より高めて）保ち，アセト乳酸の分解を行わせてから

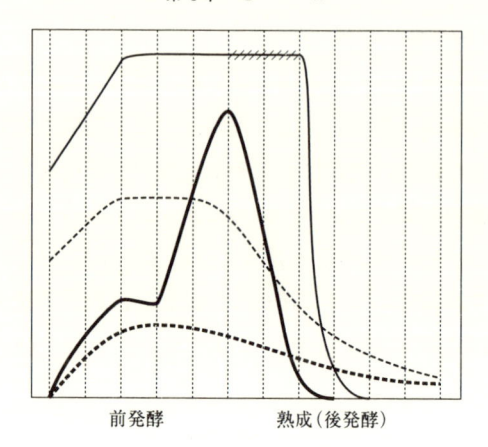

図 4.14 ジアセチル休止期を有する速醸法と従来型発酵法での温度経過とアセト乳酸の消長

― ：速醸法での温度
― ：速醸法でのアセト乳酸
----- ：従来型発酵法での温度
----- ：従来型発酵法でのアセト乳酸
////// ：ジアセチル休止期間

冷却するという方式が採られるようになった．この，アルコール発酵終了後に温度を低下させずに保つことは，「ジアセチル休止（diacetyl rest）」と呼ばれている（図4.14）[10]．

特に，シリンドロコニカルタンクは従来型のタンクに比べて液深が大きく，タンク底部の酵母は水圧のために増殖が抑制された状態である．それを解除して正常な酵母の増殖を行わせるために，タンク底部の形状を逆円すい型（コニカル）としてタンク内での発酵液の対流を強める構造が採られている．しかし，発酵中の酵母の増殖倍率を伝統的発酵法の場合のように，一定限度以内に保つことは困難であるため，前発酵段階でのアセト乳酸の生成を制御することは行わず，その代わりにジアセチル休止期間を設け，アセト乳酸濃度が一定値以下になったところでタンクを冷却し，濁り物質を析出させたりするための熟成を行うという方式が案出され，現在では一般的な方法となっている．

シリンドロコニカルタンクを用いる場合には，タンク底部から随時酵母を抜き取ることが可能であり，しかも，温度変化を自在に制御し得るので，前発酵と後発酵を別のタンクで行う必要はない．そのため，「ワンタンクシステム」といって，一つのタンクで発酵と熟成をさせてしまう方法も広く行われている[10]．温度変化を自在に制御し得るとはいっても，急激な温度変化は酵母にショックを与え，急冷による酵母からのタンパク分解酵素の分泌も指摘されており[51]，製品ビールの泡もちの低下の危険性がある．

ジアセチル休止期間を導入する時点では酵母の増殖は既に終わっており，多くの香味成分の生成も終了した後ではあるが，その時点の温度を高く保つことは，発酵後期に生成が進行するエステル類の生成を促進してしまう恐れがある．そこで多くの場合，ジアセチル休止期の開始とともにタンクを閉鎖し，発生する炭酸ガスで加圧を行い，エステル類の生成を抑制することが行われている．この処置はまた，温度上昇により炭酸ガスが抜けてしまうのを防止する効果も有している．

この発酵方式の普及によりビールの醸造方式は大きく変わった．もはや，前発酵と後発酵の区別は明確でなくなり，アセト乳酸の分解を促進することで，全醸造期間も従来の半分以下にまで短くすることが可能となった．

(2) 発酵液加熱による分解の促進

ジアセチル休止期間における温度は，酵母が死滅したり，弱ったりしないために，高くとも20℃程度まで（一般的には発酵温度より2℃高い程度）である．しかし，温度が高ければ高いほどアセト乳酸の分解は短期間に終了するので，発酵液から酵母を除いた上で加熱し，さらに醸造期間短縮を図る方法[52,53]が実用化されている．この方法を実施しているフィンランドのSinebrychoff社[54]では，酵母を除いた発酵液を90℃で7分間加熱してアセト乳酸を分解し，その後固定化酵母タンクでの処理により，加熱処理で生じたジアセチルをアセトインに還元し，直ちにろ過して製品としている．この方式では，従来の後発酵に相当する期間は1日以内ということである．熟成のその他の目的である，製品化後のビールに出現する可能性のある混濁性タンパク質の析出，除去については，90℃での加熱によってタンパク変性が起こり，アセト乳酸の分解と同時に完了してしまうものと思われる．

(3) 分解促進剤による分解の促進

① 酵素添加による分解の促進

アセト乳酸は代謝中間体であるので，それをさらに代謝する酵素が存在する．それを発酵系の中で利用しようという考えから，酵母には存在しないが，細菌類の中には比較的広く分布しているアセト乳酸脱炭酸酵素が製品化され，実用に供されている[43,55]．脱炭酸酵素は一般的に，チアミンピロリン酸やマグネシウムなどの補酵素を必要とするが，本酵素はその必要がなく，単独で活性を示す．本酵素を菌体外酵素として生産させることにも成功されている[56]．至適 pH がビールの pH 領域よりも高く，ビールの pH 領域では活性が低いので，使用にあたってはアセト乳酸の濃度が減少を開始する発酵中期以降に添加するのではなく，発酵の初期から添加することが望ましい．また，本酵素を固定化することにより低 pH 領域での活性を高めることも行われている[57]．将来的にはタンパク質工学の手法による至適 pH の変更が期待される．

② 無機触媒などによる分解促進の可能性

アセト乳酸の発酵液中での分解は化学反応であるので，何らかの触媒を用いて加速することは可能であると考えられる．ЛИСЮК（リシューク）らは，電気的処理によりそれが行い得たと報告している．実用化の報告はないが，脱炭酸反応は不可逆反応であるので，可能性のある方法かもしれない．実用化が期待される．

4.4.3 アセト乳酸分解時のジアセチル生成の抑制

4.3.2(2)で述べたように，前発酵後期から後発酵にかけてのアセト乳酸の分解は，アセトイン，あるいはジアセチルを生成して進行し，その生成比率はその環境の酸化還元電位によって決まる（図2.3参照）．実際のタンク内での生成比率についてはいまだ解析されていないが，酸化還元電位が十分に低く，アセトインの生成割合が高い方が好ましい．すなわち，生成物がジアセチルである場合，後発酵の後期には酵母のジアセチル還元能が低下し，また，酵母の濃度も低下して，ジアセチルの液中濃度が高まる恐れがある．そしてその濃度は，残存アセト乳酸濃度に加算されて製品ビール中のジアセチル濃

度を高め，より長期の熟成を必要としてしまうからである（図4.3)[53]．

　凝集性の強い酵母を用いると，後発酵時の浮遊酵母濃度が低下してしまい，酸化還元電位が高まる恐れがある．その場合，前発酵最盛期の発酵液（クロイゼン）を発酵液に添加する手法がドイツなどでは古くから実施されている．酵母の凝集性は，原料品質によっても変動し，ある品種の大麦は発芽時のストレスにより酵母を凝集させる因子を多く作り，そのような麦芽を使うことにより，発酵時に酵母が強く凝集沈降してしまう現象がみられることも報告されている[59]．また，長期に保存されたり，保存状態が悪いために弱った酵母を使用して発酵させると，発酵末期の酵母の沈降が激しいことも報告されている[60]．これらの場合には，熟成期間を延長してアセト乳酸濃度を通常よりさらに低下させることが必要となってくる．シリンドロコニカルタンクを使用した場合には，タンク中での液の対流が，特に酵母が沈降した発酵後期で盛んであるために，浮遊酵母濃度低下によるジアセチル濃度上昇の可能性は低い．

　その他のジアセチル生成抑制法としては，Masschelein一派[61]はゼオライトで発酵液を処理することによりアセト乳酸からのジアセチルの生成割合を低下させ得たと報告している．

4.4.4　汚染乳酸菌によるジアセチルの生成

　ビールを汚染する菌は大きく分けると野生酵母とビール細菌である．その中で，ジアセチル生成の原因となるのは，3.2で述べたようにビール細菌の中の乳酸菌類である．それらの乳酸菌類のうち，グラム陽性菌に対して抗菌性をもち，ホップ苦味質に耐性があり，嫌気的，約5％のアルコール濃度というビール中の環境下で生育可能な，限られた乳酸菌がビールを汚染する．その代表的なものは，桿菌のラクトバチラスと球菌のペディオコッカスである．前者は後者よりもやや好気的であり，増殖能が高いが，ヘテロ発酵型であるのでジアセチル生成程度は低い．後者はより嫌気的条件を好み増殖力は弱いが，ホモ発酵型であるのでジアセチル生成の点からは危険度が高い．

　乳酸菌も酵母もアセト乳酸を生成し，それがジアセチル臭発生の原因となるのであるが，アセト乳酸の生成経路が異なるため，乳酸菌の場合にはジア

セチルとペンタンジオンの存在比率が5：1以上であり，酵母の場合は2：1程度である．この点は，製品ビールにジアセチル臭が発生してしまった際の原因究明に，有力な手掛かりとなる．

　乳酸菌の汚染源は，その栄養要求性の点から，酵母である場合が圧倒的に多く，酵母が自己消化を起こしている次のような場所は格好のすみかである．すなわち，ジアセチル休止を行っている際のシリンドロコニカルタンクのコーン部分は，酵母の発酵熱で温度が高まっており，しかも，酵母が弱っているので乳酸菌の汚染源となる危険が高い．その危険性を低下させるために行うタンクからの酵母の頻繁な除去は，ビールの収率低下につながるが，よい品質のビール製造のために必要なことである．乳酸菌の酵母への汚染は，酵母をリン酸などの酸で洗浄することにより防げるが，酵母の活性が落ちる危険性もあり，限界がある．原則として，使用する酵母はそのつど細菌検査を行い，清潔度をチェックした上で使うことが肝要である．

4.5　ジアセチル臭発生事故に際しての原因究明法

　上述してきたように，ビールが製品となる前にジアセチル臭発生の危険性を検出することは，アセト乳酸とジアセチルの濃度の和（全ジアセチルという）を測定する以外の方法では不可能であり，多くの場合，製品となった後のビールの官能検査で検出される．しかし，昨今のわが国のビールの多くは加熱殺菌を経ていない生ビールであるので，製品化直後であるとまだアセト乳酸がジアセチルに分解し尽くされておらず，官能的にジアセチル臭を検出するのは不可能である．アセト乳酸分解の速度定数（表2.10）基づいて計算すると，室温では48時間以上置いた後に検出できることがわかる．ジアセチルが検出された場合の原因究明は，4.4で述べてきたそれぞれの原因の当否を検討して行うことになるが，以下に，その方法をより具体的に述べる．

　まず，ガスクロマトグラフィーでジアセチルとペンタンジオンの存在比を調べ，ジアセチルが圧倒的に多く，ペンタンジオンがほとんど存在しなければ，原因は乳酸菌の汚染である．両者の比が1〜2：1程度であれば，酵母の発酵異常によると考えて間違いない．

4.5 ジアセチル臭発生事故に際しての原因究明法

　発酵異常のうち，酵母の過剰増殖が原因である場合には，ビールのpHが低めで，酸度が高く，全窒素量やアミノ酸濃度が低い．これらの値が反対傾向である場合は，酵母の増殖不良が原因であると考えられる．これらの分析値が正常である場合には，後発酵（熟成）期間，あるいはジアセチル休止期間の不足，あるいはそれらの期間中の設定温度不適が考えられる．これらの期間中のアセト乳酸の分解は化学反応であるので，温度経過により与えた時間の過不足を計算することができる．その際，後発酵（熟成）開始時点でのアセト乳酸濃度が判明している必要があるが，伝統的な発酵法を採っている場合（麦汁中のアミノ酸含量の1/4以上がビール中に残存している場合）で，でんぷん質副原料を約30％使用しているビールの場合は0.4mg/L（ジアセチル相当），ジアセチル休止を採用する速醸法を採っている場合（ビール中のアミノ酸含量が麦汁中のアミノ酸含量の1/4以下である場合）には，1mg/L（ジアセチル相当）と仮定して計算してほぼ間違いないであろう．なお，アセト乳酸の分解速度定数は，$\log k$（1/日）$= 0.06 \theta - 1.22$ である．温度θにおけるアセト乳酸分解の半減期は，$0.693/k$で算出されるので，半対数方眼紙を用いて，手計算も可能である．

　なお，熟成の後期に酵母が激しく沈降してしまったり，弱ったりして，アセト乳酸の分解生成物中のジアセチルの生成比率が高まり，かつ，それらのアセトインへの還元が不十分である場合は，上述の分析値上の検査では原因究明をすることができない．この現象は，伝統的な発酵熟成法の場合に起こりやすく，熟成開始時と終了時の糖度差が小さくないか，あるいは熟成中の炭酸ガスの出方が鈍くないかなど，工程管理上の指標をチェックすることで，それらが原因であるかどうかを知ることができる．酵母の沈降や弱化程度がひどい場合には，採取した液の酵母による濁りが少なく，酵母の死滅率が高い点などからそのことが原因と気づくことができる．タンク底部の適正なコーンアングル，ならびに，直径対深さ比の適切なシリンドロコニカルタンクを用いた速醸法においては，この原因によるジアセチル臭の発生はまれである．

　以上は，経常的な製造に際しての原因究明法であるが，原料の種類や組成，製造方法や装置，あるいは使用酵母の品種や活性などが変更されたときには，

そのジアセチル生成メカニズムに対する影響を考えて、適した原料、製造法、酵母を選択していくこととなる．例えば、著者らが経験したことであるが、現在ではシリンドロコニカルタンクの直径対深さ比は1:2以下が望ましいと判明しているが、当初、1:4.5のタンクを使用したところ、ジアセチル臭の強いビールができてしまったことがある[21]．この時、アルコール発酵の進行には異常は認められなかった．しかし、ビールを分析したところ、pHが高く、全窒素含量が多く、酵母の増殖不良が原因であると判明した（表4.7）．この場合、麦汁への通気量を増して酵母の増殖を促進することにより、従来型発酵タンクを使用した場合と同等な品質のビールをつくることができた．

なお、緒言で述べたように、著者はビールのジアセチルについて長年研究開発を行ってきた．文献62には1976年までの知見を、文献63にはその後の知見をより詳しくまとめてあるので、併せて参考にしていただきたい．

引 用 文 献

1) F. Schönfeld : *Zentral Bl. Bact.*, **19**, 323 (1907)
2) J. L. Shimwell and W. F. Kirkpatric : *J. Inst. Brewing*, **45**, 137 (1939)
3) M. Burger *et al.* : Am. Soc. Brewing Chemists, Proc. 1957, p. 110
4) A. Kockova-Kratochvilova : *Brauwissenschaft*, **9**, 73 (1956)
5) N. Shigematsu and S. Yabuuchi : *Bull. Brew. Sci.*, **12**, 53 (1966)
6) T. Inoue *et al.* : Am. Soc. Brewing Chemists, Proc. 1968, p. 158
7) T. Inoue and Y. Yamamoto : *Arch. Biochem. Biophys.*, **135**, 454 (1969)
8) T. Inoue and Y. Yamamoto : Am. Soc. Brewing Chemists, Proc. 1970, p. 198
9) S. Takayanagi and T. Harada : European Brew. Conv. Proc. 1967, p. 473
10) F. B. Knudsen and N. L. Vacano : *Brewers Digest*, **68**, 68 (1972)
11) 井上 喬：農化, **70**, 677 (1996)
12) T. Onaka *et al.* : European Brew. Conv. Proc. 1985, p. 331
13) H. Lommi *et al.* : *Food Technology*, **1990**, May, 129.
14) M. Dillemans *et al.* : *J. Am. Soc. Brewing Chemists*, **45**, 81 (1987)
15) H. Sone *et al.* : *J. Biotechnol.*, **5**, 87 (1987)
16) J. G. L. Petersen : European Brew. Conv. Proc. 1985, p. 275
17) M. Kijima : *Rept. Res. Lab. Kirin Brewery Co., Ltd.*, **9**, 51 (1966)
18) D. B. West *et al.* : Am. Soc. Brewing Chemists, Proc. 1952, p. 81
19) M. C. Meilgaard : *Technical Quarterly, Master Brew. Assoc. Am.*, **12**, 151 (1975)
20) T. Inoue : Am. Soc. Brewing Chemists, Proc. 1973, p. 36

引用文献

21) T. Inoue : *Technical Quarterly, Master Brew. Assoc. Am.*, **32**, 109 (1995)
22) 井上　喬：未発表
23) M. Strassman et al. : *J. Am. Chem. Soc.*, **75**, 5135 (1953)
24) M. Jones and J. S. Pierce : *J. Inst. Brewing*, **70**, 307 (1964)
25) B. Mändl et al. : *Brauwissenschaft*, **22**, 477 (1969)
26) T. Inoue : *Technical Quarterly, Master Brew. Assoc. Am.*, **17**, 62 (1981)
27) Y. Yamamoto and T. Inoue : *Rept. Res. Lab. Kirin Brewery Co., Ltd.*, **9**, 11 (1966)
28) M. W. Brenner et al. : European Brew. Conv. Proc. 1963, p. 233
29) A. D. Portno : *J. Inst. Brewing*, **72**, 193 (1966)
30) N. Shigematsu et al. : *Bull. Brew. Sci.*, **10**, 45 (1964)
31) T. Inoue et al. : European Brew. Conv. Proc. 1991, p. 369
32) P. T. Magee and H. de Robichon-Szulmajster : *Europ. J. Biochem.*, **3**, 507 (1968)
33) C. A. Masschelein : *Brauwelt*, **115**, 608 (1975)
34) B. Axcell et al. : Inst. Brewing, Australia & New Zealand Section Meeting, Proc. 1988, p. 201
35) K. Nakatani et al. : *Technical Quarterly, Master Brew. Assoc. Am.*, **21**, 73 (1984)
36) H. Miedaner et al. : European Brew. Conv. Proc. 1979, p. 725
37) H. T. Czarnecki and E. L. van Engel : *Brew. Digest*, **34**, 52 (1959)
38) D. Loverridge et al. : Inst. Brewing, Africa Section Meeting, Proc. 1999, p. 95
39) S. Mitsui et al. : *Technical Quarterly, Master Brew. Assoc. Am.*, **28**, 119 (1991)
40) B. W. Drost : European Brew. Conv. Proc. 1989, p. 767
41) T. Inoue : *Rept. Res. Lab. Kirin Brewery Co., Ltd.*, **17**, 25 (1974)
42) W. Kunze, translated by T. Wainwright : Technology, Brewing and Malting, p. 200, VLB, Berlin (1996)
43) S. E. Godtfredsen et al. : European Brew. Conv. Proc. 1983, p. 161
44) C. L. Ramos-Jeunehomme and C. A. Masschelein : European Brew. Conv. Proc. 1977, p. 267
45) M. C. Kielland-Brandt et al. : *Technical Quarterly, Master Brew. Assoc. Am.*, **18**, 185 (1981)
46) H. Sone et al. : European Brew. Conv. Proc. 1987, p. 545
47) F. Shimizu et al. : *Technical Quarterly, Master Brew. Assoc. Am.*, **26**, 47 (1989)
48) S. Tada et al. : European Brew. Conv. Proc. 1995, p. 369
49) T. Kamiya et al. : *Technical Quarterly, Master Brew. Assoc. Am.*, **30**, 14 (1993)
50) T. Inoue et al. : European Brew. Conv. Proc. 1991, p. 369

51) T. Dreye et al. : *Carls. Res. Communs*, **54**, 27 (1986)
52) L. Narziss and P. Hellich : *Brauwelt*, **111**, 1491 (1971)
53) D. A. Barker and B. H. Kirsop : *J. Inst. Brewing*, **79**, 43 (1973)
54) E. Pajunen and A. Grönqvist : Inst. Brewing, Asia Pacific Section Meeting, Proc. 1994, p. 101
55) S. Jepsen : *Brewers' Guardian*, September 55 (1993)
56) B. Diderichsen et al. : *J. Bacteriol.*, **172**, 4315 (1990)
57) ノボ・ノルディスク・アクティーゼルスカブ, 特表平 6 - 500013, (1994)
58) T. Inoue : Am. Soc. Brewing Chemists, Proc. 1977, p. 9
59) S. Fujino and T. Yoshida : *Rept. Res. Lab. Kirin Brewery Co., Ltd.*, **19**, 45 (1976)
60) 中川 淳：私信（1972）
61) M. Andries et al. : European Brew. Conv. Proc. 1997, Poster No. 48
62) 井上 喬：ビールのダイアセチル臭について, 学位論文, 東京大学, 昭 52
63) T. Inoue : Inst. Brewing, Australia & New Zealand Section Meeting, Proc. 1992, p. 76

第5章 清　　　酒

　清酒においても他の多くの酒類の場合と同様に，ジアセチル臭は品質を損なう異臭とされている．清酒業界ではジアセチル臭を特に「つわり香」と呼び，品質に大きく影響する異臭として品質管理がなされている．

5.1　清酒の醸造工程

5.1.1　原料処理
　清酒は，米を原料とするわが国古来の酒である．原料の米の一部は，酵母が発酵してアルコールを生成できるように，米のでんぷんを糖化するための麹（こうじ）づくりに用いられる．麹とは，蒸した米の表面に麹菌を生育させて乾燥させたものである．残りの米は，同じく蒸されて，主発酵（醪）タンクへ投入され，その中で糖化されながらアルコール発酵される．原料米は蒸される前に窒素分や灰分の含量を低下させるために強く精白される．精白度は主発酵中の酵母の増殖程度に関係し，発酵副生産物である香味成分の生成に大きく影響してくる．香味の豊かな上級酒ほど強く精白された米を使用し，普通酒で70％，大吟醸という高級酒では50％以下にまで削られる．

5.1.2　発　　酵
　発酵工程では，主発酵とは別に，まず酒母（しゅぼ）（酛（もと））造りが行われる．これは，種酵母を増殖させる工程である．一般的には，種酵母を麹，蒸米，乳酸からなる培養液に接種し増殖させるのであるが，種酵母や乳酸を入手し得なかった昔からの伝統的な酛造りの方法が各種伝えられてきており，実用されている場合もある．山廃酛（やまはいもと），生酛（きもと）などと呼ばれているのがそれである．これらの

場合には，当初乳酸菌が生育する環境が整えられ乳酸が生成される．生育した乳酸菌は，完成した酒母の中では酵母が生成したアルコールにより死滅するとされている．

主発酵は，この酒母に，等量の蒸米と麹と水を添加し，醪量を倍，また倍と 8 倍まで増やしていく方法で行われる．醪量が増やされている時期にはアルコール濃度もまだ低く，酸素も一緒に醪中に混入するので，酵母の増殖が活発に行われる．最後の醪増量後，数日で酵母の増殖は停止するが，その後も麹に由来する糖化酵素による米でんぷんの糖化と，酵母によるアルコール発酵が並行して進行する．

5.1.3 製 品 化

主発酵開始後 1 カ月弱で発酵は終了し，醪は搾りの工程（上槽）に入る．この工程では，醪は布袋に入れられ，あるいは，フィルタープレスで徐々に圧力をかけて搾られる．ろ過により得られた酒は，凝集剤などを加えて 10 日ほど静置され濁りを除かれた後，「火入れ」をされて，ひと夏の熟成工程に入る．熟成終了後は再度ろ過されて，容器詰めされて製品となる．ろ過工程以降に起こる乳酸菌による汚染を「火落」と呼び，ジアセチル臭を特徴とする異臭が発生する．

発酵終了後，ろ過前にアルコールや糖類が添加されていないものが純米酒，アルコールが原料白米当り 10％以下添加されたものが本醸造酒，23％以下添加されたものが普通醸造酒，それに糖類やアミノ酸なども添加されたものが増醸酒，などと定義されている．

5.2 ジアセチルに関する研究の経緯

清酒醸造分野でのジアセチル臭研究は，「火落」と呼ばれる清酒への細菌汚染によって特徴的に発生する異臭対策として始められた．その臭いは「つわり香」と呼ばれ，その本体がジアセチルであることは，1932 年，富安[1]により明らかにされた．

その後，第二次世界大戦による物資不足の中で，醸造された酒にアルコー

ルや糖類を添加する増醸法が開発され，添加アルコールに起因する異臭としてつわり香が研究された．

現在では，木製の桶がステンレスやホウロウのタンクに置き換わるなど，微生物管理が徹底され，細菌汚染によるつわり香の発生は姿を消している．しかし，1970年代後半ころから日本の消費生活が豊かとなり嗜好が多様化し，清酒の需要が低迷していく中で製品の多品種化が試行され，原料配合，醸造法の変更によるジアセチル臭の発生が散見されるようになった．

5.3 清酒におけるジアセチル臭の意義と弁別閾値

1940年，山田[2]はつわり香について次のように述べている．「ツワリ香はまた，冷香，冷込香等と言われているもので極く軽微のヂアセチル臭若しくは細菌臭とでも感じられる種類の香である」．前述のように，清酒のジアセチル臭は嫌われる臭いであり，清酒の総合品質に最も大きく影響する異臭であるとの報告もある[3]．つわり香は，できあがった酒への細菌汚染により発生する臭いであるが，発酵中の汚染による，いわゆる「腐造（ふぞう）」によってもジアセチル臭の発生する場合もある．

清酒中のジアセチル濃度について富安[1]は，ジアセチルが0.1ppmの濃度でつわり香が検出されると述べている．現在ではジアセチル濃度が0.4～1ppm以上で異臭が感じられるとされている[4]．この大幅なジアセチル濃度の違いは，分析法の違いによると思われる．清酒業界においても，ジアセチルとしての分析値にペンタンジオンやアセト乳酸が合わせて定量されている場合が多いので注意が必要である．

5.4 ジアセチルの生成メカニズム

5.4.1 報告されているメカニズム

小武山ら[5]は1960年ころに「醸造物の異臭に関する研究」の中で，ジアセチルを対象とした詳しい研究を行っている．彼らはその中で「アセトイン等が酸化されてジアセチルが生成するのではないかと考えられる」と述べて

いる．その後，ジアセチル臭に焦点をあてた研究が行われた経緯はないが，吉沢[6]が一連の「酵母による高級アルコールの生成機作に関する研究」の中で，「アセト乳酸がジアセチルの前駆体である」と述べている．乳酸菌がジアセチルの生成に関与していることは明らかであるが，山田ら[7]，あるいは，岩野ら[8]は酵母のみによる発生もあることを述べている．

5.4.2 醪中でのジアセチルの消長
(1) 報告されている消長

ジアセチルを生成する微生物が乳酸菌であれ酵母であれ，その生成のメカニズムを考えるには，アセト乳酸の存在を考慮しなくてはならない．しかし，これまでに清酒醸造工程を追ってアセト乳酸の消長を，特にジアセチルのそれと明確に区別して定量された報告は見当たらない．ほとんどすべての報告でアセト乳酸も合わせて定量される分析法が用いられている．したがって，ジアセチル生成のメカニズムは推定の域に止まらざるを得ない．

主発酵（醪工程）中のジアセチルの生成，消失の経過は小武山ら[5]により測定されている．使用されている分析法から，また，清酒酵母はジアセチルを還元する能力が非常に高いことから，ここでジアセチルとして測定されている濃度は，ジアセチルを含まないアセト乳酸の濃度であるとみてほぼ間違いない．ジアセチル自体は醪中にはほとんど存在しないと考えられる．アセト乳酸の濃度変化の経過を見てみると，その最高値は，最後の醪増量（留(とめ)）後2～3日目頃に記録され，20数mg/Lに達している．その後は減少に転じており，7日目頃まではアセト乳酸の分解速度定数（2.3.3参照）にほぼ相当する速度で進行している．しかしその後はその速度のままで減少するのではなく，数日間の停滞期が観察される．11日目以降は，再び濃度の減少が進行するが，その速度は，その時の醪の温度（10℃以上）に相当する速度よりやや遅いように観察される（図5.1）．

(2) 消長の原因と考えられる醪環境の変化

7日目頃からのアセト乳酸減少の停滞期には，醪中のアルコール濃度が10％に達する頃であり，酵母の増殖が終わり定常期の生理状態に入る時期に相当する．醪中のピルビン酸濃度の変化も生成から消失に切り替わる時期

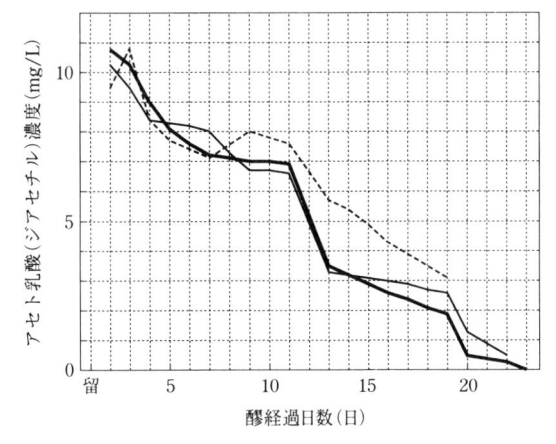

図 5.1 醪経過日数によるアセト乳酸(ジアセチル)濃度の変化[5]
―――:高温糖化酛使用A, ―――:高温糖化酛使用B
-----:山廃酛使用

であり[9] それに対応している．また，醪表面の泡が高く立っている「高泡」の状態からその泡が減少していく「落泡」の状態になり，泡に含まれていた酵母が醪中に混入し，酵母濃度が高まり，アルコール発酵が加速される時期でもある．このような状況から推察すると(図5.2)，醪増量(留)後2～3日目頃からのアセト乳酸の減少は，酵母の増殖停止によって引き起こされたものではなく，摂取されやすいアミノ酸が醪中から消失し，バリン，イソロイシンが酵母に摂取され始め，アセト乳酸の生成が停止したことによるのではないか(3.1.2(2)参照)．そして7日目頃にはバリン，イソロイシンの消失により，再びアセト乳酸の生成が始まるため，見かけ上アセト乳酸の減少が停滞するようになるのではないかと考えられる．清酒醪中の各アミノ酸の推移がこの状況に対応しているかどうかは推定の域を出ないが，醪増量(留)後の時期はアミノ酸含量が最も低く，主発酵開始時の約3分の1程度しか存在しない時期であるので[5,10] 上述のメカニズムは考えられないことではない．

その後のアセト乳酸の消失速度が醪の温度から予測される速度よりやや遅い理由に関しては，低濃度領域での測定値であるので，分析法の問題である

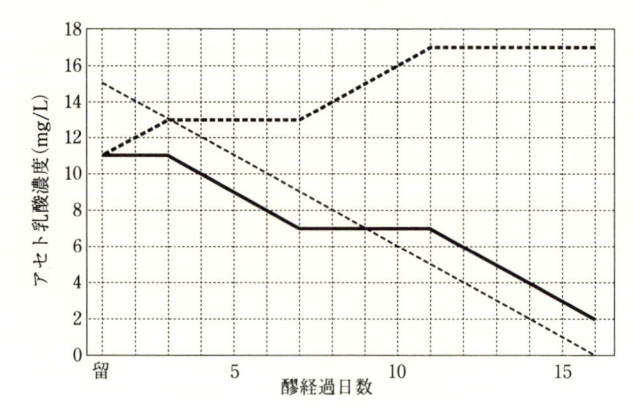

図 5.2 醪経過日数中のアセト乳酸の消長と，酵母によるアセト乳酸の生成と化学的分解の状況（推定概念図）

――：観察されるアセト乳酸の消長，‥‥‥：分解がないと仮定した場合のアセト乳酸の蓄積状況，―――：アセト乳酸の各時点での分解状況 3日目以前：摂取されやすいアミノ酸が酵母に摂取されてアセト乳酸の生成が盛んな期間，3〜7日目：バリンの摂取が始まり，アセト乳酸の生成が停滞している期間．アセト乳酸の分解により濃度の減少が見られる，7〜11日目：バリンの摂取が終わり，アセト乳酸の生成が再開されている期間．分解も進行しているため，濃度の増減は小さい，11日目以降：酵母の増殖が停止し，アセト乳酸の生成がなく，分解のみが進行している期間．

可能性もある．分解生成物であるジアセチルが蓄積して合わせて定量され，見かけ上アセト乳酸の分解が遅くなっているという可能性は，酵母のジアセチル還元能がまだ十分に高いということ[8]から考えられない．考えられるのは，共存する乳酸菌によるアセト乳酸の生成である．通常，醪中には乳酸菌は生存していないとされており，小武山ら[5]の実験でも乳酸菌の汚染源となる麹をアルコール殺菌して使用しているが，乳酸菌はわずかな汚染でもアセト乳酸を生成するので，酒母中の乳酸菌が生残してアセト乳酸を生成している可能性は考えられないであろうか．乳酸菌の関与がないとすれば，醪中には麹や米から溶出された成分が多く含まれていることから，アセト乳酸が特定の成分と結合して安定化されている可能性もあるかもしれない．

5.4.3 上槽後のジアセチル生成
(1) 上槽による状況の変化

搾られた（上槽）後の酒でのジアセチル生成を問題とする際，官能的にジアセチル臭を検知した場合と，分析値的に高い測定値を記録した場合がある．前者の場合には酒試料の中にジアセチルそのものが存在していると言ってよいが，後者の場合には，測定法の問題からアセト乳酸も合わせて測定している場合が多いことに注意する必要がある．ジアセチルの生成メカニズムは両者の場合で異なっており，制御法も違ったものとなる．

上槽とは醪をろ過して醪中の不溶物を取り除く作業であるが，無菌ろ過がなされるわけではないので，酵母の漏出は起こっている．また，ろ過により酸素の混入が起こり，酸化還元電位は大きく変化する．しかも，ろ過後は清澄化のために数日間そのままに保持される．したがって，この期間は，まだ微生物が働く熟成期間であるとも言われており，ジアセチルあるいはアセト乳酸の生成，消失が十分に起こり得るのである．装置やろ過材から乳酸菌やその他の微生物の混入も有り得るとされている．

その他のこととして，純米酒以外ではろ過に先立ってアルコールの添加が行われる．

(2) アセト乳酸の分解によるジアセチルの生成

上槽後の段階でのジアセチルの生成の第1の原因は，酸素との接触によるアセト乳酸のジアセチルへの非生物的転換である．この際，まだ活性の高い酵母が相当濃度存在していれば，生成したジアセチルはアセトインに還元されるのでその生成量は少ないのであるが，活性が低下していたり濃度的に低いと，ろ過前の醪に存在したアセト乳酸濃度に匹敵するジアセチルが生成することになる．活性度の高い酵母が生残している場合には，この時点での酸素との接触により酵母が定常期の生理状態から脱し，増殖期の代謝を開始し，アセト乳酸を生成し始めることも有り得るようにも考えられるが，増殖を停止してから長期間が経過していること，酵母濃度が低いこと，および，アルコール濃度が高いことから，アセト乳酸生成の可能性はほとんどないであろう．

(3) 乳酸菌汚染によるアセト乳酸の生成

　第2の原因は，乳酸菌の汚染によるアセト乳酸の生成である．醪のろ過後に，清酒中の懸濁物を凝集，沈降させる「滓下げ(おりさげ)」が終了し再度の精密なろ過がなされ，火入れが行われるまでには10日ほどの期間がとられるので，ろ過の際に混入した菌が働きだす可能性は考えなければならない．醪工程で乳酸菌汚染が潜在的にあった場合に，上槽の工程を経てその影響が顕在化してくることは十分考えられる．好気的な条件下では乳酸の生成が抑制されて，酢酸やアセト乳酸の生成に関係する代謝系が活性化される（3.2.3(2)参照）．乳酸菌のアセト乳酸生成能は酵母に比して高く，また，ジアセチルの弁別閾値は低いので他の異臭味の発生に先立って検知される．

(4) ジアセチルの化学的生成の可能性

　第3の原因としては，ひと夏の熟成期間中における酸化反応によるアセトインからのジアセチルの生成である．ビールではアセトインの化学的な酸化によるジアセチルの生成はないとされているが，清酒では小武山ら[5]により，「あり得る」と報告されている．

5.5　清酒醸造におけるジアセチル臭発生の制御

　製品にジアセチル臭（つわり香）を発生させないためには，いわゆる火落（乳酸菌汚染）をさせないことと，ろ過以前の醪のアセト乳酸濃度を一定濃度以下にまで下げておくことが肝要である．清酒の場合には，発生したジアセチルを除去する技術も確立されている（5.5.2で詳述）．

5.5.1　醸造工程中でのジアセチル生成の制御

　清酒醸造工程中でのジアセチル生成の制御のためには，その工程でのアセト乳酸の生成消失のメカニズムが明らかになっている必要がある．山田[2]は清酒におけるジアセチルの発生原因について，判然とはしないとしながらも，「1. 極端な低温若麹を用いた場合，2. 醪で極端な低温発酵（最高11〜12℃）を行った場合，3. 醪を未熟な状態で早搾した場合，4. 醪の上槽後滓引期間中入口桶に蓋を施して密閉した場合，5. 特に気温が高く自然品温が

5.5 清酒醸造におけるジアセチル臭発生の制御

比較的高く保持された場合，等」を挙げている．これらの原因をはっきりとさせるためにも，アセト乳酸の生成・消失のメカニズムの解明は必要である．この項では，5.4.2(2)で推定したメカニズムが仮に正しいとして，原因の究明とその対策を考えていく．

(1) アセト乳酸分解に必要な期間の確保

火落ちの問題を別に考えれば，製品にジアセチル臭が発生するのを防ぐまず第1の対策は，醪中でのアセト乳酸濃度が一定濃度以下になるまで十分な発酵期間を取ることである．上述で山田が挙げている「3.」の場合がそれに関係する．この時期のアセト乳酸の分解消失速度が，温度ならびにpHから推定される速度より遅い点については，その原因が解明されれば，ジアセチル臭発生防除に有効な対策を確立することができるであろう．それに関しては，上述「2.」も本件に関係した事柄である．

(2) アセト乳酸生成の早期終結

アセト乳酸の分解消失が順調であっても，消失開始時点でのアセト乳酸濃度が高ければ，一定濃度になるまでのアセト乳酸の消失に通常以上の期間が必要になる．その点で，留後7～10日頃に見られるアセト乳酸消失停滞期の長さが問題となる．この長さが先に推定したようにバリン，イソロイシン消失後の酵母増殖に起因するとすれば，酵母の増殖が長期に続く場合にアセト乳酸の消失が遅れるということが考えられる．酵母の増殖はアルコール濃度が10～12％に達すると停止するとされている[11]．しかし，高泡期に行われる醪の撹拌，「櫂入れ」や落泡期に起こると思われる泡からの空気に触れた酵母の醪への再混入，それに伴う発酵熱を発散させるための櫂入れなどにより好気的条件となると，酵母の増殖は長びくこととなるであろう．

低アルコール濃度の清酒を造る方法の改善を検討した報告の中で，発酵工程中のアセト乳酸の濃度の変化がジアセチルとして測定されているものがある[8]．分析法の違いによるものか，この場合のアセト乳酸濃度は小武山ら[5]のデータと大きな違いがあるが，この場合には，発酵（醪）工程中で水や麹の添加が行われアルコール濃度が10％前後で推移していることや，その際に酸素の混入が考えられることから，酵母の（細胞数の増加はないとの結果が記されているが）増殖的代謝が水や麹の添加のたびに2～3日間続くらしく，

ピルビン酸の減少は見られず,アセト乳酸もやや増加している.限られた例からの推察であるが,酵母が増殖のできない10％程度のアルコール濃度の状況下であっても,酵母の増殖的代謝を促す好気化処理はアセト乳酸の生成を引き起こし,発酵終了時のアセト乳酸濃度を高める可能性があるようである.この点は発酵制御法に直接関係しているので,今後ぜひ明らかにされてほしいものである.

発酵(醪)工程中,アセト乳酸濃度の最高値は留後2〜3日目に記録されている.この値が高いと,その分解消失に時間を要し,発酵終了時に通常以上に高濃度のアセト乳酸がまだ醪中に残存し,上槽後に高濃度のジアセチルを生成することになる.先に推定した通り,このアセト乳酸の最高濃度が記録されその分解が開始される現象が,易資化性アミノ酸が消費し尽くされ,バリンやイソロイシンなどのアミノ酸の消費開始により引き起こされているのだとすると,総アミノ酸濃度の高い醪の場合にアセト乳酸の最高濃度はより高くなると考えられる.しかし小武山ら[5]のデータで見る限りその最高濃度に大きな違いはない.総アミノ酸濃度の高い場合には,バリンやイソロイシン濃度も高いわけであるから,それらが消費されている期間が長くなる分だけ,アセト乳酸の分解が良好に進むと言える.これらの点を考慮すると,落泡期以降の嫌気状態の維持がアセト乳酸の順調な分解消失の決め手と考えられる.

(3) 乳酸菌汚染の防止

乳酸菌によるアセト乳酸の生成は,糖から乳酸あるいはそれに加えて(ヘテロ発酵型乳酸菌の場合)エタノールへの還元が阻害される好気的条件下で促進されるので,そのような条件を与えないことが抑制につながるであろう.しかし,乳酸菌によるジアセチルの生成がある場合には,たとえこの対策が有効であるとしても,乳酸菌は上槽(ろ過)後酒の中に移行し,好気的となった環境の中で酢酸やジアセチルを生成する代謝を始めることは必至である.つわり香を与えるジアセチル濃度はごく低濃度であることも考えると,乳酸菌の生育自体を抑制することが真の対策であるということになるであろう.なお,3.2.3(1)で述べたように,酵母はジアセチルの約1/2の濃度のペンタンジオンを生成するが,乳酸菌はペンタンジオンをほとんど生成しな

いので，ガスクロマトグラフィーにより両者の濃度比を調べることによりどちらの菌が主役を務めているかを知ることができる．

以上，小武山ら[5]ならびに岩野ら[8]により観察された発酵（醪）経過中のジアセチル（実際にはアセト乳酸）の変化経過を基に，その生成・消失のメカニズムを推定し，その制御法について述べたが，これらの当否を検証するためにはジアセチルとアセト乳酸の分別定量が必須である．簡便で正確な分別定量法の確立が切望される．

5.5.2 製品からのジアセチル除去法
（1） ろ過（上槽）後の酒でのジアセチル生成制御

上槽の際に醪中に存在したアセト乳酸は，上槽後は自動的に酸化的脱炭酸反応を起こしてジアセチルに変化する．生成したジアセチルは活性の高い酵母が存在すればアセトインに還元されるが，その濃度が低かったり，アルコール濃度の高い条件下で既にその還元能力を失っている場合にはそのまま蓄積されていく．清酒醸造用の酵母はアルコール濃度22％でジアセチル還元能を失うと報告されている[8]．

アセト乳酸は水溶性の高い不揮発性酸であるので臭いを有しない．しかし，ジアセチルが蓄積してくるとジアセチル臭（つわり香）が発生してくる．アセト乳酸は酵母により資化，あるいは，分解されることはないが，ジアセチルは酵母により容易にアセトインに還元されるので，アセト乳酸がジアセチルに分解した後であれば，活性の高い酵母を添加してジアセチル濃度を低下させることができる[8,12]．なお，酒の品温が10℃の場合のアセト乳酸の自動的分解の半減期は約3日であり，その際活性の高い泥状酵母10^6/ml 以上の濃度で，分解して生成したジアセチル濃度をアセト乳酸濃度の約5分の1以下にすることができる．なお，乳酸菌はジアセチルをアセトインに還元する能力が酵母に比較して弱く，また，菌によってはその活性はアセトインの存在により阻害されるので，乳酸菌によるジアセチルの濃度低下はほとんど期待できない．

（2） その他の，製品からのジアセチル除去法

清酒を過酸化水素で処理することにより，含有するジアセチルを分解し除

去することができると報告されている[13]．この場合は，清酒をあらかじめ熱処理して，その中に存在するカタラーゼの活性を低下させておく必要がある．また，活性炭処理によっても除去することができるという報告もある[14]．

引用文献
1) 富安行雄：醸造学, **10**, 517（昭 7）
2) 山田正一：醸協, **35**, 1216（昭 15）
3) 岩野君夫他：醸協, **76**, 773（1981）
4) (財)日本醸造協会：清酒製造技術, 平 10, p. 391
5) 小武山温之他：醸協, **57**, 607（1962）
6) K. Yoshizawa : *Agric. Biol. Chem.*, **28**, 279（1964）
7) 山田正一, 関 善一：醸協, **46**, 438（昭 26）
8) 岩野君夫他：醸協, **76**, 768（1981）
9) 佐藤俊一他：醸協, **76**, 764（1981）
10) 進藤 斉他：醸協, **89**, 65（1994）
11) 野白喜久雄：醸協, **53**, 661（昭 32）
12) 小武山温之他：醸協, **58**, 896（1963）
13) 山田正一他：醸協, **34**, 1122（昭 14）
14) (財)日本醸造協会：清酒製造技術, 平 10, p. 392

第6章 ワイン

　ワインにおいてジアセチルは香りに複雑さを与えるとして必要なものである．しかし過剰な臭いは品質を損なう．ワイン中のジアセチルはマロラクティック発酵により生成するとされているが，その名が示しているリンゴ酸の乳酸への分解反応により生成するものではなく，また，ジアセチルが必ずしも生成してしまうという訳ではない．

6.1　ワインの製造法

　ブドウからつくられる酒は単にワインと呼ばれ，その他の果実を原料とする場合にはアプリコットワインというように果実名がその前に付されて呼ばれる．ワインには大きく分けて赤ワインと白ワインがあり，それぞれそれらの品質に適した種類のブドウが使用されるが，製造法でも違いがある．

　赤ワインの場合には果実をつぶし，果皮，種，軸の部分も含めて発酵槽に入れ，ワイン酵母により発酵させる．原料の果実は摘み取られたままなので，痛んだ果実には野生酵母などが付着している．これらの雑菌の汚染防止のために，メタ重亜硫酸カリウム（$K_2S_2O_5$，メタカリと略称）が添加され，ワイン酵母としては亜硫酸耐性の強いものが使われる．亜硫酸はアルコール発酵の過程で生ずるアセトアルデヒドと結合してグリセリンの生成を高め，ワインにコクを持たせる効果も有している．果皮などは発酵が進むにつれて発生する炭酸ガスを含んで醪表面に浮き上がり蓋を作る．それにより温度が上がるので，下げる目的も含めてそれらを醪中に突き戻す作業が行われる．この作業と発酵によるアルコール濃度の上昇により色素の抽出が進行する．適当な段階で醪は搾られ，その後は果汁のみでの発酵が進行する．白ワインの場合にはまず果実がつぶされて搾られ，最初から果汁のみが発酵に供される．

　20～25℃で10日間ほどで発酵が終了すると，醪は搾られ樽に詰められ

熟成が行われる．搾られるとはいっても無菌ろ過が行われるわけではないので，雑菌の増殖を抑えるためにメタカリが添加されるが，熟成工程の初期には微生物の働きが見られる．その代表的なものがマロラクティック発酵であり，ジアセチルの生成と関係がある．樽熟成は2〜3年に及ぶため後期には微生物は死滅し，それらの自己消化により生成するアミノ酸や核酸が香味に厚みをつける．樽熟成の後，さらにビンに詰められて熟成が行われて，赤ワインは数年後，白ワインは2〜3年後に製品となる．

なお，ワインの種類として，シェリーは樽熟成の段階で産膜酵母の生育を許すような特殊な熟成を行って製造したもの，甘味のあるデザートワインは発酵途中のまだ糖が残っている段階でブランデーを添加して発酵を停止させたもの，そのほかに，ベルモットなど，ワインに草根木皮を添加したものがある．ドイツのように，寒冷で日照の少ない地方の白ワインの多くには果汁が添加されており，香りもフルーティーで酸味と甘味が調和している．ワインの種類別では，シェリーなどの酸化されたワインの方がジアセチル含有量が高い．

6.2 ワイン醸造におけるジアセチル生成とその制御

6.2.1 マロラクティック発酵

ブドウ果汁がアルコール発酵される過程でも，清酒やビールの場合と同様に酵母によりアセト乳酸が生成され，その分解によりジアセチルが生成する．しかしワイン醸造の場合には果汁の窒素分が少ないので，酵母の増殖は発酵の早い段階で終了し，アセト乳酸の生成も早期に終わり，その分解はpHの低い環境下であることもあって迅速に進行する．その結果生成するジアセチルも酵母により迅速に還元されてアセトイン，ブタンジオールとなり醪中から消失する[1]．したがって通常では，酵母によるアルコール発酵が原因で，問題となるほどのジアセチルが生成することはない．発泡性ワインを製造するために糖と酵母を添加して2次発酵をさせた場合にジアセチル生成が，問題になるという報告はある[2]．しかし，実際のワイン醸造の場で，品質上問題となる5 mg/L以上のジアセチルが生成することがある．これは，熟成中

6.2 ワイン醸造におけるジアセチル生成とその制御

表 6.1 ドイツワインの中性香気成分含有量(mg/L)[3]

	ジアセチル	ペンタンジオン	アセトイン
赤ワイン	1.46	0.25	15.0
白ワイン	0.42	0.10	5.9

に進行する乳酸菌による発酵で生成するもので，その代表的なものがマロラクティック発酵と呼ばれる反応である．

マロラクティック発酵はリンゴ酸が脱炭酸されて乳酸を生成する反応である．ブドウ果汁中では酒石酸とリンゴ酸が主要な有機酸であるが，ブドウが未熟な場合や涼しい地方のブドウではリンゴ酸の比率が高い傾向がある．マロラクティック発酵が起こると2塩基酸であるリンゴ酸が1塩基酸であるピルビン酸となるため酸度が低下する．また，リンゴ酸は鋭い酸味を有するが，乳酸の酸味はマイルドである．そのため，ドライな味に仕上げられる赤ワインでは人為的に行われることもあるほど重要な反応である．白ワインでは甘味との釣り合い上ある程度酸味は必要であり，赤ワインの場合ほどには重要視はされていない．しかし，辛口の白ワイン用にはその進行が期待されることがある．表6.1に示す結果[3]も，赤ワインの方がマロラクティック発酵の進行していることをうかがわせている．リンゴからつくられ，果汁中の酸のほとんどがリンゴ酸であるシードルの場合には，清涼感が品質特徴として必要であるのでマロラクティック発酵によるジアセチルの生成は歓迎されない．シードルの場合熟成は行われないか，行われても短期間であり，マロラクティック発酵の進行は熟成を行わせる場合に問題となる．

マロラクティック発酵を行う乳酸菌は特定の菌ではなく，多くの種類の菌がその活性を有している．しかし，*Pediococcus* や *Lactobacillus* による場合にはジアセチルが過剰に生成される傾向があり，現在は *Leuconostoc oenos* がジアセチルを生成することの少ない優良菌として認められ，種菌（スターター）として使用もされている．*Schizosaccharomyces* 属の酵母もリンゴ酸を分解する活性を有しているが，この場合には乳酸にまでではなく，炭酸ガスと水にまで分解してしまう．そのため酸度が低くなり過ぎる恐れがある．また，高い温度を必要とし雑菌汚染の危険がある，香味が悪くなるなどの短所がある．

Leuconostoc oenos はマロラクティック発酵に適した菌であるが，その発酵を自然に起こさせるのはそう簡単ではない．まず，亜硫酸濃度が 30mg/L 以上では本菌の生育阻害が見られる．そのため，亜硫酸の添加を控える必要がある．また，pH は 3.5 以上である必要がある．最適温度は 20℃であり，25℃を超えると発酵は停滞する．アルコール濃度も 10〜12％までは問題ないがそれ以上となると，よりアルコール耐性のある *Pediococcus* や *Lactobacillus* が優勢を占める菌となってしまう．醪中に果皮が存在するほうがマロラクティック発酵が順調で，「オリ引き」も遅く行われたほうがよいとされている[4]．

6.2.2　マロラクティック発酵におけるジアセチル生成とその制御

　赤ワインではジアセチルの濃度が 4 mg/L までは濃度が高い方が香味評価は良い．しかしそれ以上になると評価は悪くなる[5]．高濃度のジアセチルの生成は前述のように，*Leuconostoc oenos* 以外の乳酸菌によるマロラクティック発酵が起こった場合にみられる．それが発酵の早い段階で起こった場合には生成したジアセチルは酵母により還元されて消失するので問題ないが，酵母の活性が落ちてしまっているオリ引き後に起こるとジアセチルが残存し問題となる．したがって，*Leuconostoc oenos* をマロラクティック発酵のスターターとして添加する場合には，発酵終了後に行うのが有効である．

　Leuconostoc 属の乳酸菌は，ワイン中の環境下に生育している状態では，糖がもはや存在しないのでリンゴ酸やクエン酸を代謝している．リンゴ酸を分解する経路は二つあり，その一つはマロラクティック酵素が関与して，乳酸を直接生成する脱炭酸反応である[6]．もう一つはリンゴ酸酵素でオキザロ酢酸を生成し，このオキザロ酢酸はオキザロ酢酸脱炭酸酵素により脱炭酸されてピルビン酸となり，さらに乳酸脱水素酵素により還元されて乳酸を生成する．しかし，ワイン中の pH が低い状態ではリンゴ酸酵素の活性は低く[7]，この経路での乳酸の生成は少ないと考えられる．実際，通常のマロラクティック発酵で生成する乳酸は，マロラクティック酵素が生成する乳酸と同じ L 型であり，乳酸脱水素酵素が生成しうる D 型乳酸はほとんど生成されない．しかしリンゴ酸酵素が関与する，リンゴ酸からオキザロ酢酸を経由してのピルビン酸生成反応が何らかの原因で進行すると，乳酸脱水素酵素も pH が低

い状態では働きにくいので，ピルビン酸が細胞内に蓄積し，アセト乳酸の生成を引き起こしジアセチルが生成することになる．

このような状態はクエン酸が基質となるときにも同様に招来される[8]．すなわち，クエン酸が乳酸菌により資化される場合，まずクエン酸リアーゼによりオキザロ酢酸と酢酸に分解され，生成したオキザロ酢酸はリンゴ酸酵素が関与するマロラクティック発酵の場合と同様にピルビン酸となる．*Leuconostoc oenos* はクエン酸をオキザロ酢酸と酢酸に分解するクエン酸リアーゼ活性が特に弱い菌であることがわかっており，そのためクエン酸からのアセト乳酸生成も少なく，マロラクティック発酵に適していることが判明している[8]．

マロラクティック発酵が *Leuconostoc oenos* 以外の乳酸菌により進行し，ジアセチル臭が強くなってしまった場合には，メタカリを添加してその進行を停止させる[9]．生成してしまった高濃度のジアセチルは，活性度の高い酵母の添加により減少させることができる．

引用文献

1) W. Postel *et al.* : *Unters. Forsch.*, **176**, 113 (1983)
2) N. G. Dzhurikyants *et al.* : *Vinodel. Vinograd, SSSR*, **31**, 15 (1971)
3) W. Postel *et al.* : *Unters. Forsch.*, **161**, 35 (1976)
4) 後藤昭二：醸協, **89**, 538（1985）
5) 高沢俊彦：発酵工学, **59**, 225（1981）
6) 金子 勉：1.4 マロラクティック発酵，乳酸菌の科学と技術，乳酸菌研究集談会編，p.100，学会出版センター（1996）
7) 原 昌道，水野昭博：発酵工学, **59**, 17（1981）
8) Y. Shimizu *et al.* : *Agric. Biol. Chem.*, **49**, 2147 (1985)
9) 原川 守：醸協, **92**, 709（1997）

第7章 食　　酢

　梅や柑橘類に代表される果汁の酢は，恐らく人類の狩猟採取時代から利用されていたことであろう．また，その時代に熟した果実や蜂蜜からつくられていた酒が酢酸菌による自然発酵によって，酢となったものが利用されていたことも十分に考えられる．現在，わが国では食生活の洋風化に伴い，また健康志向とも関連し，食酢の需要は増加している．ジアセチルは食酢の品質に対しても重要な意義を有している．

7.1　食酢の種類と製造法[1]

7.1.1　食酢の種類

　食酢は歴史の古い調味料であるので，世界各地に各種の製品が存在する．酢酸発酵はアルコールが酸化されて酢酸が生成するものであるので，食酢の多くは，各地の醸造酒と同じ原料からつくられたものが存在しているが，独特の原料や製法によるものもある．
　日本農林規格では，食酢は醸造酢と合成酢に分類され，醸造酢はさらに，米や穀物を使った穀物酢（穀物を製品1L当たり40g以上使用したもの），リンゴ酢，ブドウ酢などの果実酢（果実の搾汁を1L当たり300g以上使用したもの），その他の醸造酢（穀物酢，果実酢以外の醸造酢）に分類されている．合成酢は，酢酸やその他の添加物を調合して製造されたものであるが，醸造酢の使用割合が60％以上（業務用は40％以上）であるものとされている．

(1)　米　　酢

　酢酸発酵に供されるものは，清酒と同様に醸造されたアルコール溶液である．しかし米酢の製造法は，現在では，清酒醸造の場合のように糖化とアルコール発酵が同時に並行して進行する方式ではなく，両者が分離された方法

である場合が多い．米以外に原料として使用されるものには，他の穀類，酒粕，アルコールなどがあり，発酵後2～3カ月の熟成を経て製品化される．新しい技術として，酵素の利用，α（アルファ）化米利用などがある．製品はエキス分（糖やアミノ酸のような可溶性不揮発成分）が多く，香味が豊富で，寿司や和食に用いられる．

(2) 壺　　酢

中国で行われている方法がわが国に伝わり現在に伝承されている醸造方法で，鹿児島地方の「福山酢」が有名である．数年間熟成されて着色したものは「黒酢」と呼ばれて珍重されている．蒸した米と麹と水を甕（かめ）に仕込み，屋外の暖かい場所に長期間置いて製造される．甕の中では清酒醸造の場合と同様に，まず乳酸菌が生育し，次いで麹による米のでんぷんの糖化と酵母によるアルコール発酵が進行する．その後，酢酸発酵が約半年間進行し，熟成期間を経て上澄みが製品となる．

(3) 粕　　酢

わが国独自のもので，酒粕を密閉状態で2～3年熟成させ，エキス分を十分に出させた後，1週間ほど好気的状態にしてアルコールや酸を生成させ搾った液や，それを火入れした液を原液として，種酢を添加して発酵させて製造する．醤油のような色調で，酸の刺激を感じさせない独特の香味の酢である．

(4) リンゴ酢

アメリカで広く用いられている酢である．リンゴの搾汁（Soft cider）をアルコール発酵させた酒（Hard cider）を酢酸発酵させて製造される．リンゴ果汁に由来する有機酸が酸味をさわやかなものとさせている．マヨネーズ，ドレッシング，ソースなどに使われる．

(5) ブドウ酢

「ヴィネガー」の語源となった，ヨーロッパで広く用いられている，ブドウを原料としてつくられる酢である．香味補強のため，果汁のブレンドも行われる．

(6) そ の 他

加工品製造用には，アルコール溶液に，発酵を促進させるための窒素源や

表 7.1　食酢中のジアセチル，アセトイン含量(mg/L)[7]

製品名	ジアセチル	アセトイン
米酢	5 ～ 15	15～ 355
粕酢	0.8～ 84	8～ 706
リンゴ酢	4 ～ 9	17～ 93
麦芽酢	3 ～117	17～9600
ブドウ酢	2 ～ 3	21～ 51
アルコール酢	2 ～ 3	45
高濃度醸造酢	0 ～ 2	～ 24

塩類，ならびに，香味付けの為の糖，酒粕，麹エキス，麦汁などを添加して発酵させた高濃度醸造酢（アルコール酢）がある．

アメリカには，酢の中の水分を凍らせて取り除き酢酸やエキス分を濃縮した濃縮酢があり，ピクルス用などに使われる．また蒸留酢といわれる，エキス分を除いた無色の酢もあり，ピクルスやマヨネーズ用に用いられており，添加物での香味付けがなされている．

7.1.2　食酢とジアセチル臭

食酢中のジアセチルに起因する臭いは，専門家の間では「むれ香」，「つわり香」と呼ばれ，特にわが国の女性には嫌われる．野菜サラダのドレッシング用の食酢には，あってはならない臭いである．アメリカではドレッシングであっても強烈なジアセチル臭をもつものが用いられていることがある．ジアセチル臭の強い発酵乳製品を常食しているためであろう．また，中国では醤油のような色のジアセチル臭の強い酢が肉料理に合うとして広く食卓に供されている．

一般的には醸造酢ではジアセチルの含有量が高く，合成酢では低い．醸造酢でもアルコール酢では生成量は低い．そのため，特にわが国ではジアセチル生成を抑制する発酵法が研究され使用されている．しかし，寿司や漬物用に用いられる酢では発酵を感じさせる香りとして，低濃度のジアセチルの存在は許容される．

報告されている食酢製品中のジアセチルとアセトインの含有量は表7.1の通りである．

7.1.3 食酢の製造法

　食酢における酢酸発酵の，他の醸造物製造のための発酵との一番の違いは，後者が嫌気的な条件が主で酵母や乳酸菌が主役であるのに対して，前者は好気的な環境を必要とする酢酸菌が主役である点である．昔ながらの製造法は，壷酢の項でも述べたように，容器に糖源を仕込み，糖化とアルコール発酵と酢酸発酵を同時に進行させる方法である．東洋ではでんぷん質原料と麹を壷に仕込み，西洋では果汁を樽に詰めて発酵させる．どちらの場合にも，工程中に醪が空気と接するように工夫がなされている．その際発酵を妨害する恐れのあるものは産膜酵母であり，アルコールの生成量を低下させ，また，酸素を消費して酢酸発酵の進行を妨害する．いったん酢酸発酵が開始され酢酸が生成し始めている条件下では，酢酸は殺菌力が強いので，他の菌による汚染はそれほど恐れることはない．しかし，近縁の不良酢酸菌の汚染は有り得る．代表的なものはコンニャク菌と呼ばれる *Acetobacter pasteurianus* (*xylinum*) である．

　現在の発酵法は米酢の項でも述べたように，アルコールを含む原料液を別工程でつくり，それを，表面発酵，流下発酵，連続発酵などでアルコールを酢酸に転換している．原料中の成分組成は次項で述べるようにジアセチルの生成程度と大きな関係があるので，原料の処理やアルコール発酵の調節に工夫がなされている．

　種菌（スターター）として使われるものは，製造現場で使われている発酵液の一部である場合が多いが，または前回の発酵終了液の一部を残しておいたものに原料溶液を添加し，発酵開始時の酸度を1.5～2％とし産膜酵母の汚染を防ぐ．静置した状態で発酵させる表面発酵法の場合，保温のために蓋をするが，通気口を空けておく．発酵開始時の温度は30～34℃で，酢酸菌の増殖とともに菌膜が形成され蓋がなされるので温度は上がる．しかし，最高温度は38℃以下でないと活性が低下する．発酵が進み過ぎると，生成した酢酸の分解（過酸化）が始まるので，アルコール分の0.3～0.4％を残して温度を常温にまで下げ，熟成工程に移す．発酵期間は，容器の表面積比にもよるが1～2カ月を要する．熟成の目的は清澄化と香味の熟成である．発酵終了液は大型のタンクに移され，表面より生成する菌膜を毎日取り除く．

2～3カ月の熟成により香味が丸くなる．製品化工程では，滓引，殺菌，精製（調合）が行われて製品となる．

ブドウ酢造りの方法として有名なオルレアン法などでは，樽に3分の1量残した発酵終了液に少しずつワインを注ぎたしていき，3分の2量に達したらまた半量を引き抜くという方法で継続的に製造がなされている．またジェネレーターと呼ばれる方法では，ブドウの若枝，ワインの搾り粕，ブナの薄い削り板（シェイビング）などを一種の酢酸菌の固定化担体として充塡した発酵槽に，発酵液を循環させて発酵の迅速化を達成している．このような方法は既に19世紀の初頭から開発されていた．そのほかには，強制的に通気を行い，深部発酵を行う方法もアセテーター法，キャビテーター法などの名称で第二次大戦後開発されている．これらの方法の場合，過剰の通気はアルコールや酸の揮散による収量の低下を招くので，通気した空気の再循環などで微調節される．この方法では，連続発酵も可能で，タンデム（直列）式に3段の発酵槽をつなぎ10～12％の酸度の製品が製造されている．1段発酵槽当たりの発酵日数は2日程度である．酸度が高くなると酢酸菌の活性維持が難しく，短時間の通気の停止によっても発酵が停止することもある．連続発酵で製造された酢は混濁が著しく，清澄化のためにはオリ下げ剤が使用される．

7.2　食酢製造におけるジアセチル生成の制御 [2]

7.2.1　酢酸菌のジアセチル生成メカニズム

(1)　アセトインからのジアセチルの生成

食酢においてアセトインの生成については詳細に調べられているが，ジアセチルの生成については，アセトインが酸化されて生ずると推定されているに過ぎない[3]．乳酸菌においてはジアセチルを還元してアセトインに変換するジアセチルリダクターゼは逆反応を行わないとされており[4]，現在ではアセトインがジアセチルになることは生物的にも非生物的にもあり得ないとされている．しかし酢酸菌においては，NAD依存の脱水素酵素のほかに，細胞膜に局在するピロロキノリンキノンを補酵素とする，強力な脱水素酵素群が別に数多く存在し，酢酸の生成もそれらの酵素により行われている[5]．こ

7.2 食酢製造におけるジアセチル生成の制御

表 7.2 米酢熟成中の非生物的ジアセチル生成[6]

		サンプル1	サンプル2	サンプル3
仕 込 時 ↓	乳　　酸(mg/L)	180	950	3830
発酵終了時 ↓ (火入れ) ↓	アセトイン(mg/L) ジアセチル(mg/L)	50 ND	570 ND	2250 Trace
熟 成 後	ジアセチル(mg/L)	ND	6.8	21.6

注) ND：検出せず, Trace：5mg/L以下.

れらの酵素の一つがアセトインの酸化を行いジアセチルを生成することは十分に推察できる．

ジアセチルの生成する時期については正井の研究[6]があり，熟成期間中に生成するとされている（表7.2）．この実験では熟成前に火入れが行われているため，熟成中のアセトインのジアセチルへの変化は酢酸菌によるものとは考えられない．その点，先の酢酸菌のピロロキノリンキノン依存の脱水素酵素がアセトインからジアセチルを生成するという推察とは矛盾する．この実験はモデル的に行ったとされ，その詳細は不明であるが，発酵終了時にジアセチル濃度が非常に低いことも，酢酸菌がジアセチルをつくるのかどうかという点に関連して注目される．もし，正井の研究で用いられたアセトインの分析法がアセト乳酸をも含めて測定してしまう方法であったとすると，乳酸からアセトインへの反応はアセト乳酸を経ること[7]から，発酵終了時の醪中に1/100程度のアセト乳酸が存在していたことは考えられないことはなく，それが火入れによって酸化的脱炭酸を起こしてジアセチルに変換した可能性はある．酸性条件下でのアセト乳酸の分解では大部分がアセトインに分解し，ジアセチルは生成しないとの反論もあろうが，醪中のような天然物の多い条件下では水溶液中と違ってジアセチルへの分解がより高い比率で進行する（表2.5参照）[8]ことが判明している．とは言え，一般的にはジアセチルの分析の際にアセト乳酸が合わせて測定されてしまう例が多いので，その点からこの実験で発酵終了時にジアセチルの存在が認められていないことは，アセト乳酸の存在に疑問を感じさせ，アセトイン自体のジアセチルへの

酢酸菌によらない酸化の可能性を裏付けているように思われる．

しかし著者としては，ほかの発酵飲食品について多くの研究者が認めているように，アセトインの非生物的酸化によるジアセチルの生成には疑問を感ずる．ほかの発酵飲食品と食酢との違いは，食酢は酸性であることであるが，ジアセチルをオキシム化させて測定する比色分析法では多くの場合，酸性条件下で反応が行われるが，共存するアセトインの発色は認められていない[9]．

アセトインの分析法として有名なWesterfeld法[10]ではアセトインを硫酸酸性下で第2鉄で酸化してジアセチルとして測定するのであるが，食酢中の金属イオンがこのような酸化に関与しているのであろうか．一方，食酢中のジアセチルの生成が発酵中に生成するのではなく，(火入れされない状態での)熟成中に生成するのであるとすれば，発酵中には生成したジアセチルの，酢酸あるいは炭酸ガスと水にまでの過酸化が進行し，熟成中にはより嫌気的となるので，この過酸化が進行せずジアセチルが蓄積することが推定される．この場合のジアセチルの生成は，残存している酢酸菌によるアセトインの酸化，あるいは，酢酸菌の生成したアセト乳酸の自動的酸化的脱炭酸で起こり得るであろう．しかしこれらはあくまで推定である．重要な点であるので，近い将来ぜひ明らかにされてほしいものである．

(2) 乳酸からのアセトインの生成

乳酸含量の多い原料を使用した場合に，アセトインやジアセチルの生成量が多くなることは広く認められている．乳酸からのアセトインの生成経路については，柳田[2]が，乳酸脱水素酵素によりピルビン酸が生じ，その後アセト乳酸を経由する経路と，アセトアルデヒドと活性アセトアルデヒドとの縮合で生成する経路があることを推定している．アセトインはピルビン酸を基質としても，乳酸の場合と同様に大量に生成される．また，ピルビン酸を生成し得るクエン酸，オキザロ酢酸，リンゴ酸などもアセトインを生成する．したがって，アセト乳酸を経由する経路に関しては柳田の推論は正しいであろう．しかし後者の経路については，アルコールを基質とした場合に，アセトアルデヒドや活性アセトアルデヒドのより多くの生成があると考えられるだけに，その際にアセトイン，ジアセチルの生成が少ないことと矛盾するように思われる．

さらに，アセト乳酸からアセトインの生成はアセト乳酸脱炭酸酵素によるとされている．しかし，山野ら[11]の調べたところによると酢酸菌の当該酵素活性は非常に低かったので，恐らく非酵素的な自動的脱炭酸分解によってアセトインが生成するのであろう．とすれば発酵中の醪にはアセト乳酸が存在していてもよいはずである．アセト乳酸，アセトイン，ジアセチルの分別定量法が確立され，この辺りのメカニズムが明らかにされるのが待たれる．

7.2.2 ジアセチル生成の制御

生物的であれ非生物的であれ，食酢の製造に際してはアセトインからジアセチルが生成すると推定されており，アセトインの多い酢はジアセチル含量も高い（表7.1）．表7.2の実験結果にも見られるように，原料に乳酸含量が高い場合にはアセトインの生成が多く，ジアセチルも多く生成する．米酢は清酒醸造と同じく乳酸を用いて酸性とした環境の下でアルコール発酵が行われるので，ジアセチルの含有量が高い．粕酢の場合も同じである．リンゴ酢の製造においても，原料果汁に加熱殺菌を行わないとマロラクティック発酵が進行し，乳酸の濃度が高まるので，ジアセチルの生成濃度が高くなる[12]．ブドウ酢の一種であるバルサミコ酢の製造において，加熱濃縮されたブドウ果汁が原料として使われているのも，この理由が関係していると思われる．アルコールを原料として発酵させるアルコール酢ではアセトインの生成も少なく，ジアセチル臭の弱い酢ができる．麦芽酢においては，米酢製造と同様に，麦汁の発酵に際して雑菌汚染防止のために，あらかじめ乳酸発酵をさせてから酵母を接種してアルコール発酵をさせる方式がある．そのような原料液を用いた場合にジアセチル含量の多い麦芽酢ができるのであろう．

表7.1と表7.2の結果を比べてみると，表7.1のアセトインとジアセチルの含量の比は，表7.2の場合の100：1よりは高いように見受けられる．したがって熟成中だけではなく，発酵中にもジアセチルあるいはアセト乳酸の生成があるように思われる．また，酢酸菌の強い酸化力から，ジアセチルが酢酸，あるいは，炭酸ガスと水にまで酸化（過酸化）される可能性もあるように考えられる．これらのメカニズムが解明されれば新たなジアセチル生成制御法も考えられると期待される．

引用文献

1) 柳田藤治：醸協, **80**, 450 (1985)
2) 柳田藤治：醸協, **73**, 436 (1978)
3) 柳田藤治他：醸協, **71**, 574 (1976)
4) V. L. Crow : *Appl. Environ. Microbiol.*, **56**, 1656 (1990)
5) 飴山　實：酢の科学, 飴山　實, 大塚　滋編, p. 117, 朝倉書店 (1996)
6) 正井博之：食品工業, **6** 下, 49 (1982)
7) 伊藤　寛：醸協, **73**, 453 (1978)
8) T. Inoue : *Rept. Res. Lab. Kirin Brewery Co., Ltd.*, **13**, 71 (1970)
9) P. Gjertsen et al. : *Monatsschr. Brau.*, **17**, 232 (1964)
10) W. W. Westerfeld : *J. Biol. Chem.*, **161**, 495 (1945)
11) S.Yamano et al. : *J. Biotechnol.*, **32**, 165 (1994)
12) 柳田藤治：酢の科学, 飴山　實, 大塚　滋編, p. 87, 朝倉書店 (1996)

第8章　発酵乳製品

　発酵乳製品は，わが国では伝統的仏教文化の中で畜産物に対する食習慣がなかったため，かつては稀少な食品であった．しかし，食生活の洋風化に伴って乳製品，畜肉製品が多く食されるようになり，その中で発酵乳製品はもはや珍しい食品ではなくなってきている．

8.1　発酵乳製品とジアセチル

　生乳を原料とする食品の製造には，粉ミルクなどのように，そのまま，あるいは成分を分離して加工する場合と，ヨーグルトのように発酵させる場合とがある．発酵乳製品の製造に際しては，ほとんどの場合乳酸菌を添加しての発酵がまず行われる．発酵が乳酸菌によって行われるため，多くの場合ジアセチルの生成が見られるが，代表的な発酵乳製品である熟成チーズの場合には長期間の熟成中にジアセチル臭は減少し，熟成に起因する特徴的な強い香りがそれをマスクしてしまう．また，ヨーグルトの場合には，ジアセチルよりもアセトアルデヒドの香りが好まれる．ジアセチル臭を特徴とする発酵乳製品には，以下のようなものが挙げられる．
- ・カテージチーズ，クリームチーズなどの非熟成チーズ
- ・発酵バター，発酵バターミルク
- ・サワークリーム

8.2　発酵乳製品の製造法

　原料である生乳は，主要タンパク質であるカゼインや乳糖を含む栄養塩類溶液に脂肪が分散・懸濁して存在する状態のものである．栄養価に富むだけ

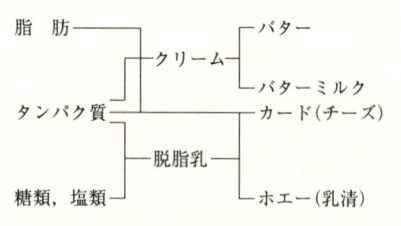

```
                        ┌─ バター
          ┌─ クリーム ──┤
  脂　肪 ─┤              └─ バターミルク
          │
  タンパク質─┤            ┌─ カード（チーズ）
          └─ 脱脂乳 ──┤
  糖類，塩類              └─ ホエー（乳清）
```

図 8.1　生乳中の成分の，各加工原料や製品への移行（概念図）

に腐敗しやすく，加工に際しては殺菌がまず行われる．殺菌された生乳はそのままで，あるいは，生乳中の特定成分を分離したものを原料として，各種の乳製品や発酵乳製品に加工される（図 8.1）．

　生乳を静置しておくと，クリームが上層に分離してくる．これは脂肪球の状態の脂肪が集合したものである．分離を迅速に行うためには遠心分離器が用いられる．クリームを分離した残りが脱脂乳であり，タンパク質や乳糖を含んでいる．脱脂乳はチーズ，ヨーグルトなど多くの加工品の原料として使われる．クリームを発酵させたものがサワークリームであるが，クリームに単に酸を添加してつくられている場合もある．

　クリームを振盪撹拌していると脂肪球が破れ，脂肪が集まったバターができる．この際分離してくる液体がバターミルクである．発酵バターは発酵させたクリームからつくられ，発酵バターミルクは，本来発酵バター製造時に得られるバターミルクであるが，現在では多くの場合非発酵のバターからのバターミルク，または脱脂乳を発酵させてつくられる．

　チーズは，生乳あるいは，脱脂乳を原料として発酵させた後，凝乳作用のあるレンネットという酵素剤やカルシウム塩を添加してタンパク質（カゼイン）を凝固させたもの（カード）を原料として，その多くは熟成させて熟成チーズとして製品化される．凝乳の際に分離されてくる液体をホエー（乳清）と呼ぶ．ホエーには乳糖や，凝固しなかったタンパク質などが含まれる．

8.2.1　チーズの製造法

　一般的なチーズのつくり方を述べると，殺菌した生乳あるいは脱脂乳にスターターとして乳酸菌あるいはカビを添加し，1～2 時間発酵させた後，レ

ンネットとカルシウム塩を添加してカゼインを凝固させる．こうしてできたカードを適当な大きさに切った後，加熱，撹拌してカードをさらに固まらせ，水分（ホエー）を排出させる．型に詰め圧搾した後，食塩を添加してホエーの排出を促すとともに乳酸菌の発酵を抑制し，雑菌の汚染を防止する．これを生チーズと言い，この生チーズを熟成させると熟成チーズとなる．

乳としては牛のほか，ヤギ，羊，水牛の乳も用いられる．乳酸菌による発酵は，カード生成の促進，雑菌の増殖防止，熟成による香味の生成などの目的で行われる．スターターとして用いられる乳酸菌は酸や風味形成用の球菌ばかりではなく，特殊な工程や特殊な風味形成の目的で桿菌も混合して用いられる．ガス孔を有するエメンタールチーズの製造には，プロピオン酸菌が添加される．表面熟成をさせるチーズには，特殊なスライムと呼ばれる微生物含有物が用いられる．青カビチーズや白カビチーズ製造の場合には，カビの胞子が乳酸菌スターターに混ぜられたり，チーズの表面に塗布されたりする．

乳中の脂肪分は，カゼインが凝固する際にカードの中にほぼ全量取り込まれる．したがって，生乳を原料としたチーズには脂肪分，あるいは，その分解物が多く含まれる．熟成工程では微生物の作用によりタンパク質や脂肪が分解され，カードが柔らかくなるとともに，特徴的な呈味物質や，風味が生成される．このようにして作られたチーズ（ナチュラルチーズ）を原料として，ブレンドし，許可されている添加物を添加して，加工したものがわが国で広く普及しているプロセスチーズである．

生チーズを熟成をさせないで製品としたものがカテージチーズなどの非熟成チーズであり，この場合には，乳酸球菌のみからなるスターターが用いられ，発酵時間は十数時間と長くとられ，この段階で風味の形成が図られるのが一般的である．発酵温度は乳酸菌の酸生成の適温より低い20〜22℃で行われる．非熟成チーズには，原材料の種類により各種のものがあり，脂肪分の多いクリームを用いて製造されたものがクリームチーズであり，カゼイン含量が低いために滑らかな口当たりを有している．

8.2.2 発酵バターの製造法[1]

発酵バター製造の場合には，生乳から遠心分離により脂肪分30〜40％の

クリームを分離し，香気生成菌である *Lactococcus diacetylactis* などをスターターとして2〜4％添加して，10〜12℃，15〜17時間で酸度0.3まで発酵させる．酸度が0.3％を超えるとカゼインが凝固し，脂肪分がその中に取り込まれて収量の減少を招くので，中和がなされる．発酵によりジアセチルを主体とする香気が生成する．

　発酵の終了したクリームはチャーンと呼ばれる装置に入れられ，通常10℃程度で50分間回転振盪（チャーニング）される．この処理により脂肪球が破壊され，脂肪（バター）がバターミルクと分離する．バターが大豆程度の塊となったときにチャーニングは終了となる．バターミルクを分離後，バターは冷水で洗われる．発酵バターの場合には，香味を保持するために水洗いは軽くなされるのみである．その後，加塩バターの場合には2％程度の食塩が添加される．塩分の添加は脂肪分解を促進する．発酵バターは酸性であるために脂肪分がなおさら分解されやすい．そのため，塩分の添加量は抑制されたり，無塩とされる．食塩と水分のバター内での分布を均一とするために，その後さらに1時間程度チャーンを用いてバターが練り上げられる．この処理をワーキングという．

8.2.3　その他の発酵乳製品の製造法[2)]

　乳そのものを発酵させた発酵乳は，わが国では以下のように省令により分類されている．

表　　示	無脂乳固形分（％）	生菌数/ml
乳製品発酵乳	8％以上	1000万以上
乳製品乳酸菌飲料	3％以上〜8％未満	1000万以上
乳酸菌飲料	3％未満	100万以上

　乳製品発酵乳の代表的なものはヨーグルトである．原料としては，主として濃縮した脱脂乳，または，脱脂乳に脱脂粉乳あるいは練乳を添加して無脂乳固形分を調整したものが用いられる．スターター添加後，42〜43℃の高温で数時間発酵した後，冷蔵して商品化される．発酵時間が短いので，正確な発酵温度を維持し発酵のばらつきを無くす必要がある．そのため，原料を

調合した原液は温度調整がなされた後,速やかにスターターを添加されてそのまま商品となる容器に詰められて直ちに発酵室に入る.最終酸度が0.85〜1.0%に達する少し前に発酵を停止させ,冷蔵されるまでの間にその酸度に達するよう調節される.連続発酵も行われている.ジアセチルの香りよりはアセトアルデヒドの香りが重要視される.わが国では,何も添加しないプレーンタイプのほか,糖,フルーツ,香味付けのため香料などが添加されたものもある.ホエーの分離防止のために,寒天やゼラチンなどの硬化剤が添加されていることもある.

乳製品乳酸菌飲料と乳酸菌飲料は,前者が液状ヨーグルトタイプ,後者がジュースタイプの飲料で,加熱殺菌された後,製品化されたものもある.原料はヨーグルトと同じく,脱脂乳である.発酵に関しては酸の生成が重視され,不足の場合には酸の添加もなされる.カードは破砕し液状化されるが,分離防止のために安定化剤としてカルボキシメチルセルロース(CMC)やアルギン酸プロピレングリコールエステル(PGA)などが添加される.

わが国独自のものとして,乳製品とは呼べない乳酸菌飲料に分類される,カルピスを代表とする加糖酸乳飲料がある.原料液を酸度が2%になるまで十分に発酵させて,酸度が足りない場合には酸の添加もなされる.また原乳の1.5〜1.8倍の糖が添加されて,カードの分離を防ぐ.カードの分離は,酸度を高く保ち,カゼインの等電点以下にまでpHを低下させることによっても防止されている.数倍に希釈して飲まれるので,安定化剤としては低粘度のCMCやPGAが用いられる.75℃,15分以上の条件で殺菌されている.

発酵バターミルクは,発酵バターの副産物として製造されるほか,非発酵バター(甘性バター)のバターミルク,あるいは脱脂乳を発酵させてつくられる.ヨーグルト類と違ってジアセチルの香りが重視される.

8.3 発酵乳製品製造における香りの生成とその調節

発酵乳製品の香りは,前述のように乳酸菌の生成するジアセチル,アセトアルデヒドに起因する香りと,熟成チーズのように熟成によって原料中のタンパク質,脂肪が分解した際発酵して生ずる独特の香りがある.ケフィール

表8.1 代表的スターター乳酸菌とその特徴

菌　名	用　途	形態	発酵型	生育温度	生育pH	香気生成特徴
Str. thermophilus[a]	チーズ，ヨーグルト	球菌	ホモ	高温	6　～6.5	酸,(ジアセチル)
Lc. cremoris[b]	チーズ，バター，発酵乳	球菌	ホモ	中温	6　～6.5	酸
Lc. lactis[c]	チーズ，バター，発酵乳	球菌	ホモ	中温	6　～6.5	酸
Lc. diacetylactis[d]	チーズ，バター	球菌	ホモ	中温	6　～6.5	酸，ジアセチル
Lb. bulgaricus[e]	ヨーグルト	桿菌	ホモ	高温	5.4～5.8	アセトアルデヒド
Leu. citrovorum[f]	バター，バターミルク	球菌	ヘテロ	中温		アセトアルデヒドを減少
Leu. dextranicum[g]	バター，バターミルク	球菌	ヘテロ	中温		アセトアルデヒドを減少

a)　*Streptococcus salivarius* subsp. *thermophilus*.
b)　*Lactococcus lactis* subsp. *cremoris*.
c)　*Lactococcus lactis* subsp. *lactis*.
d)　*Lactococcus lactis* subsp. *lactis* biovar. *diacetylactis*.
e)　*Lactobacillus delbrueckii* subsp. *bulgaricus*.
f)　*Leuconostoc citrovorum*.
g)　*Leuconostoc dextranicum*.

と呼ばれるコーカサス地方の乳飲料のような，酵母が発酵に加わった乳飲料ではジアセチル，アセトアルデヒドは共に還元されて消滅し，アルコール発酵によるエタノール，酢酸エチル，アセトンが香りの主役となる．このようにさまざまな香味成分があるが，ジアセチルを中心とする香りの生成について以下に述べる．ジアセチルの生成調節は，主としてスターターとして添加される菌の種類と量比によって決められるほか，発酵温度などの条件調節，塩類などの添加によっても行われる．

8.3.1　スターターとして用いられる乳酸菌の種類と特徴

　発酵乳製品の製造の際にスターターとして用いられる代表的な乳酸菌とその特徴を表8.1に示す．ヨーグルトの製造に際して *Str. thermophilus* は *Lb. bulgaricus* と共生することがよく知られている．すなわちそれぞれ単独ではよい品質のヨーグルトを生成しないが，共生することにより，よい酸度，香味が形成される．両菌は比較的高温に耐性があるが，食塩や抗生物質に弱い．代表的なジアセチル生産菌である *Lc. diacetylactis* は，*Lc. lactis* のクエン酸資化性株であり，ジアセチルリダクターゼ活性を持つ．高温で発酵された場合にはアセトアルデヒドも生成する．*Lc. lactis* と *Lc. cremoris* は専ら酸の生成

用に用いられ，ジアセチル生産能を持たない．*Lb. bulgaricus* は，アセトアルデヒドの生成菌であり，生酸性とタンパク分解力が強いという特徴を持つ．*Leuconostoc* は酸の生成力は弱いが，ジアセチル生成と共にアセトアルデヒドを消費する性質をもつので，バターなどアセトアルデヒド臭が嫌われる乳製品製造用に使われる．そのほかに，保健用のアシドフィラスミルクの *Lactobacillus acidophilus* や，ヨーグルト用の *Bifidobacterium* など，人体の中に生息する菌が製品製造に用いられる場合がある．またチーズに関しては，それぞれに応じた菌が使われ，ヴァラエティーに富む製品をつくり出している．

スターターによる発酵を阻害する要因としては，雑菌の汚染，牛乳中に成牛から移行する抗生物質やバクテリオファージがある．球菌は一般に桿菌よりも抗生物質やファージに対して抵抗力が弱い．

8.3.2 各種発酵乳製品製造における香りの生成調節

乳酸菌によるジアセチルの生成については，代表的ジアセチル生産菌である *Lc. diacetylactis* の場合を中心として 3.2 で述べた．乳酸菌の発酵においても，ジアセチルとアセト乳酸の分別定量は行われておらず，アセト乳酸をジアセチルとして測定してしまうための問題が散見される．この項では，発酵乳製品別に香りの調節について述べる．

(1) 発酵バター，発酵バターミルク

スターターとして用いられる菌は，酸生成菌として *Lc. lactis* ならびに *Lc. cremoris*，香気生成菌として *Lc. diacetylactis*，*Leuconostoc* が用いられる[3]．高いアセトアルデヒド臭は嫌われるので，*Lc. diacetylactis* によるジアセチル生成を促進するためにクエン酸が添加され，マンガン塩が *Leuconostoc* の増殖を助け，アセトアルデヒドの減少を促進する．発酵終了後に *Leuconostoc* を添加しても効果がある[4]．ジアセチルの最適濃度は 2 mg/L とされているが，わが国では強いジアセチル臭は好まれず，0.5 mg/L 以下が望ましいとされている．そのために *Leuconostoc* の代わりに *Lb. bulgaricus* を用いてジアセチルとアセトアルデヒドの比を 5～10：1 から 1：2～20 に下げる方法が提案されている[5]．わが国では酸度も低い方が好まれるようである．

発酵バター中のジアセチルの香気はバターの冷蔵中に徐々に消滅する．しかし，クリーム中のジアセチルは貯蔵期間中安定に保たれると言われている．この原因は，クリーム中には水分も高く，その中の乳酸菌がアセト乳酸を生成しており，それがジアセチルに分解し，ジアセチル臭を与えるためと考えられる．

(2) 発酵乳，乳酸飲料，乳酸菌飲料

ヨーグルト製造の場合には，発酵時間短縮のため高温性の *Str. thermophilus* と *Lb. bulgaricus* との混合培養が行われる．両者の混合比は1：1または1：2が適当とされている．両者の間には共生関係がある[6,7]．すなわち，*Str. thermophilus* は生育 pH が高いため，生乳中で生育を開始し，ギ酸を生成して *Lb. bulgaricus* における核酸生合成を可能にし，その増殖を助ける．また，*Lb. bulgaricus* が溶存酸素を消費して，過酸化水素を生成して *Str. thermophilus* 生育停滞を防ぐ役割も果たしている．一方，*Lb. bulgaricus* は，ギ酸の供給を受けて pH が低下した環境の中で増殖を開始し，アミノ酸を生成し *Str. thermophilus* の増殖を助ける．こうした共生関係の中で *Str. thermophilus* はジアセチルを生成し，*Lb. bulgaricus* はアセトアルデヒドを生成する．

Lactobacillus acidophilus や *Bifidobacterium* を製品に含有させる場合には，それらの生菌率を高く保持するために特別な工夫が必要である．特に *Bifidobacterium* の場合には酸や酸素に弱いため，別に培養して添加される場合が多い．香気生成の点からも本菌単独でヨーグルトをつくることは不可能である．

乳酸菌飲料の場合にスターターとして用いられる菌は，香りの点から基本的にヨーグルトと同じであるが，酸の生成が速い *Lb. bulgaricus* がより多く用いられ，*Str. thermophilus* の役割を補強するために発酵促進剤として酵母エキスが添加されることもある．原料となる牛乳のロット差（季節差）による *Lb. bulgaricus* の増殖のばらつきを少なくするために，マンガン塩が添加される場合もある．加糖酸乳飲料（カルピスなど）の製造の際には，さらに多くの酸の生成が必要とされるので *Lb. bulgaricus* のみで発酵がなされる．

(3) スターターディスティレート

　発酵バターを製造する際に，スターターで発酵されたクリーム中に生成した香気成分のうち，バターに移行するのはジアセチルで10％弱であるといわれている．スターターを調製する操作の省略や品質変動防止のために，チャーニング後のバターにエッセンス（香料）を添加して香味を調整する方法も行われている．マーガリンの香気付けにもエッセンスの需要は大きい．このようなエッセンスを調製するため，あるいは，そのまま香り付けに使用するために，ジアセチルを主体とする香味成分を多く含む培養物（スターターディスティレート）を得るための検討がいろいろとなされている．天然の原料を使用するということで，ホエーを利用してスターターディスティレートを製造する検討もなされている[8]．

　ジアセチルを主体とする香味成分を多くつくらせる方法に関しては，*Lc. diacetylactis*によるジアセチルの生成が，好気的条件下やクエン酸を基質としたときに増強されると3.2.3(2)で述べた．当該菌において，クエン酸はNADHの需給面からだけではなく，乳酸脱水素酵素の活性抑制，ならびに，ジアセチルリダクターゼの活性抑制も行って，ジアセチルの生成を高めていることが判明している．乳酸菌は本菌も含め，ヘムタンパクを合成する能力がなく，酸素に対して抵抗性が一般に弱いが，鉄ポルフィリン（ヘミン）を培地に添加すると，アセトイン，ジアセチルの生成が格段と増進されることが報告されている[9]．この報告ではヘミンと同様にアセトイン，ジアセチルの生成を促進する銅イオンの効果についても述べられているが，その理由は，アセチルCoAと活性アセトアルデヒドから，ジアセチルを生合成するジアセチル合成酵素が活性化されるのだとしている．しかし現在では，ジアセチル合成酵素の存在が疑問視されているので，その真のメカニズムは不明である．しかし，ヘミンと銅イオンの両者を添加した場合のアセトイン，ジアセチルの生成増強度は顕著であり，消費された糖とほぼ同当量のアセトインとジアセチルが生成される．また，いったん生成した乳酸までもが培養後期には消費されアセトインとジアセチルとなる．この場合，ジアセチルリダクターゼが大きく活性化されているので，ジアセチルに対してアセトインの生成量が非常に大きなものとなっている．本菌においてジアセチルリダクターゼ

活性はクエン酸を基質とした場合に抑制されるので, クエン酸を基質とすることによりジアセチルの生成比率を高めることができるのではないかと推察される. クエン酸を基質とした場合に, 銅, 鉄, モリブデンなどの塩類を添加することによりジアセチル生成を10倍近く増強でき, 100mg/L弱まで生成させ得ることが報告されている [10]. この理由は, これらの塩類がクエン酸の消費を抑制するためにクエン酸濃度が高く保たれ, ジアセチルリダクターゼ活性が抑制されるからであると説明されている.

Lc. diacetylactis は Lc. lactis のクエン酸資化性株であるが, 後者は, ジアセチルリダクターゼ活性を有しない株である. そこで, Lc. lactis にクエン酸透過酵素活性を与えることによりクエン酸資化性を持たせ, ジアセチル高生成菌とすることができるという報告[11]もある. この場合, アセト乳酸脱炭酸酵素活性が弱い必要があるが, Lc. diacetylactis のアセト乳酸脱炭酸酵素欠損株も変異株として取得されており, ジアセチル生成能が高いことが認められている. また, ジアセチル生成調節のメカニズムがより正確に解明されれば, ジアセチル高生産菌の得られる可能性は高く, 現在では, 乳酸菌においては遺伝子組み換え技術が実施可能であるので, すでに遺伝子組み換え実験はいろいろとなされている[12].

引用文献
1) 津郷友吉:乳製品工業, 下巻, p.314, 地球出版 (1971)
2) 津郷友吉:乳製品工業, 上巻, p.16, 地球出版 (1971)
3) 祐川金次郎:乳業技術便覧, 下巻, p.64, 酪農技術普及学会 (1975)
4) 神辺道雄:乳技協資料, **28**, 2 (1979)
5) 金子 勉他:明治乳業(株), 特開昭 62-239947
6) 祐川金次郎:乳業技術便覧, 上巻, p.333, 酪農技術普及学会 (1975)
7) 乳酸菌研究集談会編:乳酸菌の科学と技術, p.267, 学会出版センター (1996)
8) N. A. Gutierrez et al.: *J. Ferm. Bioeng.*, **81**, 183 (1996)
9) 金子 勉:酪農科学, **39**, A265 (1990)
10) 金子 勉, 鈴木 英:明治乳業(株), 特開昭 63-202390
11) J. Hugenholts: *FEWS Microbiology Reviews*, **12**, 165 (1993)
12) 乳酸菌研究集談会編:乳酸菌の科学と技術, p.133, 学会出版センター (1996)

第9章 その他の発酵飲食品

 焼酎については岩田らの報告[1]がある．米焼酎では0.07〜1.28ppmのジアセチル含有量があり，官能評価（点数が低い方が良い）の結果と正の相関があるとの結果が示されている．ジアセチル含量は酸度とアセトアルデヒド含量と相関があり，細菌の関与による生成が推定されている．

 モルトウイスキーの製造においては，醪は糖が完全に発酵され尽くされた後にすぐには蒸留に回されず，約1日置かれる．その理由は，乳酸菌による発酵を待って香味を良くするといわれているが，ビール醸造におけるジアセチル休止と同様に，アセト乳酸の分解と，生じたジアセチルの消失を行わせる期間としての意味があることが判明している．

 納豆においてジアセチルは品質の良さに寄与する香りとされている．ナットウ菌（*Bacillus subtilis*）によるジアセチルの生成は，多くの乳酸菌と同じくアセト乳酸の酸化的脱炭酸によると判明している[2]．

 パンにおいてもジアセチルは重要な香り成分であり，弁別閾値（20ppm）以上の濃度で存在している[3]．酵母による発酵により生成すると考えられるが，乳酸菌による発酵も伴わないと良好な香りとはならないとされている[4]．しかし，この場合にもジアセチルの生成はアセトインよりとされており，アセト乳酸に注目した検討が期待される．

 醤油においてもジアセチルは重要な香味構成成分の一つであるが，火入れの際のメイラード反応によって生成してくることが判明している．

引用文献
1) 岩田 博他：醸協, **79**, 51 (1984)
2) D. W. Holtzclaw and L. F. Chapman : *J. Bactriol.*, **121**, 917 (1975)
3) 白木善三郎：食品のにおい, p.183, 光琳, 昭40
4) 田中康夫, 松本 博編：製パンの科学, p.160, 光琳, 平3

付録　　ジアセチル分析の実際

　各種のジアセチル分析法の概要紹介と特性比較を第2章で述べたが，参考までにビール業界で用いられている分析法をここで紹介する．方法1[1]は，汎用器具を用いて実施可能であり，試料数が少なく，分析頻度が低い場合に適している．方法2[2]は，試料数が多く，経常的に分析する場合に適している．方法3[3]は，ガスクロマトグラフが利用できない条件下で，多くの試料を分析しなければならない場合に適している．

　これらの方法を応用することにより，各種の発酵飲食品中のジアセチル含量を測定することが可能である．しかし，ビールよりもアルコール濃度の高い醸造酒に応用する場合には，測定用試料調製の方法がこのままでよいかどうかの確認が必要である．比色定量をする場合，蒸留酒の場合には着色のないものであれば，そのままオキシム化反応を実施し，アルコールを揮散後，方法1あるいは3により分析することができる．着色のあるものについては，ビールと同様に試料調製をする必要がある．固形物を含む，味噌，納豆，発酵乳製品などの場合には粉砕したうえで，分析用の溜分を採取する．水蒸気蒸留もよく使われる方法である．これらの試料調製の際の発泡は，シリコーン消泡剤の利用，あるいは，pHを4.2とすることにより防ぐことができる．

　方法1と2はビール酒造組合国際技術委員会（分析委員会）で推奨している方法であり，方法3は著者が，日本醸造協会誌に紹介した方法である．なお，これらの原報では「ダイアセチル」という呼称を使用しているが，本書では「ジアセチル」と書き換えている．また，一部改変も行っている．

方法 1. 蒸 留 法[1]

1. 要　　旨

揮発成分であるジアセチルおよびビシナルジケトンを，試料ビールから直接蒸留して比色定量する．

なお，本法は METHODS of ANALYSIS of the ASBC (1987), Method Beer-25A[4] を参考にしている．

2. 適 用 範 囲

ビールに適用する．

3. 原　　理

蒸留したジアセチルにヒドロキシルアミンを作用させ，ジメチルグリオキシムとする．これに第1鉄イオンを加えて発色させ，分光光度計（波長520nm）で比色定量する．

4. 試　　薬

(1) リン酸2水素カリウムアルカリ溶液

リン酸2水素カリウム（KH_2PO_4）1.0gを，25mlの0.1N水酸化ナトリウム水溶液25mlに溶解して調製する．

(2) 6％塩酸ヒドロキシルアミン水溶液

(3) リン酸水素2カリウムアセトン水溶液

リン酸水素2カリウム（K_2HPO_4）14.4gを蒸留水に溶解した後，アセトン20mlを加えて100mlとする．

(4) 濃アンモニア水（比重約0.90）

(5) 酒石酸カリウムナトリウム飽和水溶液

酒石酸カリウムナトリウム90gに蒸留水50mlを加えて振盪して調製する．

(6) 硫酸第1鉄溶液

硫酸第1鉄7水和物（$FeSO_4・7H_2O$）5gを1％硫酸100mlに溶解する．
(7) シリコーン消泡剤
(8) ジメチルグリオキシム標準液
純粋なジメチルグリオキシム 0.1349g を 3～5ml のメタノールに溶解した後，蒸留水を加えて2000mlとする．

5. 器具・装置
(1) 蒸留装置
① 二口フラスコ：500ml容．
② 蒸留管：①の上に接続する．
③ 冷却管：水冷式．②に接続する．
④ アダプター：③と⑤を接続する．
⑤ 蒸留受け器：50ml容ビーカー等，15および35mlに目盛りのあるもの．
(2) マントルヒーターまたはガスバーナー
(3) 圧縮炭酸ガス：圧力調整可能なもの
(4) メスフラスコ：20ml容
(5) 分光光度計

6. 操作方法
(1) 検量線の作成方法
20ml容メスフラスコにジアセチルとしての濃度が0.025mgの間隔で0.025～0.200mgになるようにジメチルグリオキシム標準液を採取する．それに6％塩酸とヒドロキシルアミン水溶液0.75mlを加えた後，蒸留水を加えて15mlとする．次に約80℃の湯浴中で15分間加熱する．室温まで冷却してから，リン酸水素2カリウムアセトン水溶液1.0mlを加えて5分間放置する．この後，濃アンモニア水0.6ml，飽和酒石酸カリウムナトリウム水溶液2.5mlおよび硫酸第1鉄溶液0.2mlを加えてから蒸留水で全量を20mlとする．この溶液を分光光度計を用いて空試験を対照に波長520nmの吸光度を測定する．空試験は上記において，ジメチルグリオキシムのみを除

き同様に操作する．吸光度と，20ml 中のジアセチル含量（mg）をグラフにプロットして検量線を作成する．

(2) 蒸留および測定方法

500ml 容の二口フラスコに，リン酸2水素カリウムアルカリ溶液25ml と冷却したガス抜きしてない試料ビール250ml を加えてから，シリコーン消泡剤を一滴入れる．二口フラスコの一方に蒸留管，冷却管，アダプターを接続させ，蒸留受け器として50ml 容ビーカーを用いる．これにはあらかじめ6％塩酸ヒドロキシルアミン水溶液0.75ml および蒸留水2〜3ml を加えておく．二口フラスコのもう一方から炭酸ガスを送り込み，系全体を炭酸ガス雰囲気下にする．この後，1秒間に1滴程度の速度で蒸留し30ml の蒸留液を取る．得られた蒸留液を80℃の湯浴中で15分間放置した後，沸騰湯浴上で蒸留液が約15ml になるまで濃縮する．室温まで冷却した後20ml 容メスフラスコに移し取り，リン酸水素2カリウムアセトン水溶液1.0ml を加えて5分間放置する．この後，濃アンモニア水0.6ml，飽和酒石酸カリウムナトリウム水溶液2.5ml および硫酸第1鉄溶液0.2ml を加えてから蒸留水で全量を20ml とする．この溶液の吸光度を20分以内に分光光度計を用いて空試験を対照にして波長520nm で測定する．空試験は上記において，蒸留液のみを除き同様に操作する．

7. 結果の表示

計算方法

ジアセチル (mg/L) $= 4 \times A_{520}/L$

A_{520}：検量線から求めたビール250ml 中のジアセチル (mg)

結果は小数点の下2桁に丸めて表示する．

8. 備　考

(1) ジアセチルとジメチルグリオキシムの濃度の関係は次のようになる．

ジアセチル (mg/L) ＝ジメチルグリオキシム (mg/L) $\times 0.741$

(2) ジアセチルの含量が高い場合（例えば臭いがしたり，味がした場合）は，蒸留受け器に取る6％塩酸ヒドロキシルアミン水溶液を1.5ml として蒸留

を行い，得られた蒸留液の半分量についてジアセチル濃度を測定し，得られた値を2倍する．

(3) 20分以内に有意な退色が認められる場合は，試薬の純度，各操作を確認してからもう一度実験する．

方法2. ガスクロマトグラフ法[2]

1. 要　　　旨

揮発成分であるジアセチル，ペンタンジオンおよびそれぞれの前駆体を電子捕獲型検出器付きガスクロマトグラフを用いて測定する．

なお，本法はInternational MethodであるMETHODS of ANALYSIS of the ASBC (1987), Method Beer-25E [5] とANALYTICA-EBC (1987), Method 9.11.2 [6] を参考にした．精度向上のためビール酒造組合で若干の修正をしている．

2. 適 用 範 囲

ビールに適用する．

3. 原　　　理

ジアセチル，ペンタンジオンおよびそれぞれの前駆体をガスクロマトグラフィーで測定する．前駆体は前処理として通気，次いで60℃で加熱することにより，それぞれが対応するジケトンとなるのでこれを測定する．定量は30℃におけるピークのヘッドスペースガスを試料として，2,3-ヘキサンジオンを内部標準に用いて，クロマトグラムのピークの高さから行う．総量をビシナルジケトン（VDK）として表示する．

4. 試　　　薬

(1) 2,3-ヘキサンジオン内部標準液

2,3-ヘキサンジオン標準品を500mg取り，エタノール5mlに溶解後蒸留水100mlに溶解し原液とする．この原液は冷蔵保存すると1～2カ月安定

である．内部標準液は，原液 1ml を蒸溜水で全量 100ml に希釈し使用のつど調製する．

(2) ジアセチル原液および標準液
ジアセチル標準品を用いて (1) のように調製する．
(3) ペンタンジオン原液および標準液
ペンタンジオンを用いて (1) のように調製する．

5. 器具・装置
(1) 電子捕獲型検出器付きガスクロマトグラフ
(2) ステンスカラム：3m × 1/8 インチ，10％ Carbowax 20M on Chromosorb W, AW-DMCS, 0.2％ Carbowax 1500 on Caropack C あるいは同等のもの．
(3) サンプル瓶：100ml 容
(4) マグネティック・スターラー
(5) マイクロシリンジ：2ml 容
(6) 湯浴槽：30℃および60℃に設定できるもの
(7) オーブン：40℃

6. 操作方法
(1) 試料の調製法
① ビシナルジケトンだけの場合
炭酸ガスで満たした 100ml のサンプル瓶にビール 50ml を移し取る．これに内部標準液（2, 3-ヘキサンジオン）50 μl と撹拌子を加え，アルミニウム製の栓をする．

② ビシナルジケトンとその前駆体の場合
400ml ビーカーに，室温の試料ビールを約 100ml 採り，穏やかに揺すってガス抜きをする．この試料ビールをビーカーからビーカーへ5回移し換えをして，十分に空気を含ませてからこのうちの 50ml を撹拌子入りのサンプル瓶に移し取る．これに内部標準液（2, 3-ヘキサンジオン）50μl を加え，アルミニウム製の栓をする．このサンプル瓶を 60℃の湯浴上で撹拌せずに 90

分放置する．室温に放冷後新しい栓に付け替える．
  (2) 測定方法
  試料ビールの入ったサンプル瓶を30℃に保ちながらマグネティック・スターラーで20〜30分撹拌して気液相を平衡状態にする．40℃で加温したシリンジを5回サンプル瓶内の気相で共洗浄した後，1mlをガスクロマトグラフに打ち込みクロマトグラムを記録する．なお，ガスクロマトグラフィーの条件は以下に示す．

　　　　インジェクター温度：90℃
　　　　検出器温度：150℃
　　　　カラム温度：70℃
　　　　キャリアガス：窒素ガス（25ml/min）
  (3) 定量計算に用いる係数の算出法
  ピペットで水50mlをサンプル瓶に移し取り，これにジアセチル，ペンタンジオンおよび2,3-ヘキサンジオンの標準液をそれぞれ50μlずつ加え，アルミニウム製の栓をする．それぞれの濃度は0.05mg/Lである．以降は(2)同様に操作して，クロマトグラムの高さ，または面積から，レスポンス比 $F_{diacetyl}$，$F_{pentanedione}$ を算出する．なお，この操作は3連で行い，平均して得られたそれぞれのレスポンス比を用いて定量計算を行う．

7. 結果の表示

計算方法
次の式から標準液における各VDKのレスポンス比を求める．

$$F_{diacetyl} = \frac{内部標準ピークの高さ}{ジアセチルピークの高さ}$$

$$F_{pentanedione} = \frac{内部標準ピークの高さ}{ペンタンジオンの高さ}$$

3連のレスポンス比の平均値を次の式から求める．

方法 2. ガスクロマトグラフ法

$$F_{Adiacetyl} = \frac{F_{1dia} + F_{2dia} + F_{3dia}}{3}$$

$$F_{Apentanedione} = \frac{F_{1pent} + F_{2pent} + F_{3pent}}{3}$$

ビール試料中の各ＶＤＫ濃度を次の式から求める．

$$\text{ジアセチル}(mg/L) = F_{Adiacetyl} \times S_t \times \frac{\text{ジアセチルピークの高さ}}{\text{内部標準ピークの高さ}}$$

$$\text{ペンタンジオン}(mg/L) = F_{Apentanedione} \times S_t \times \frac{\text{ペンタンジオンピークの高さ}}{\text{内部標準ピークの高さ}}$$

S_t：内部標準濃度（0.05mg/L）
結果は小数点以下 2 桁に丸めて表示する．
室間再現精度は次のようである．

＜ジアセチル＞

試料	測定濃度平均値	標準偏差	変動係数
1	0.0175	0.0117	66.9 %
2	0.0538	0.0057	10.6 %
3	0.239	0.0111	4.64 %

＜ペンタンジオン＞

試料	測定濃度平均値	標準偏差	変動係数
1	0.0129	0.00689	53.4 %
2	0.0346	0.00537	15.5 %
3	0.232	0.0188	8.10 %

8. 備考

(1) ビシナルジケトンとその前駆体を併せて測定する場合、サンプル瓶を加熱後室温に戻したとき、サンプル瓶内は加圧状態となっているため、そのままシリンジを打ち込むと気液相の平衡が崩れやすい．また、アルミニウム栓の内側に水滴が生じていると、シリンジ打ち込み時に針内に水が入り込むことがある．これらを防止するため、サンプル瓶を室温にまで放冷後新しいアルミニウム栓に付け替える．

(2) 各標準品は蒸留してその中留部を用いる．各標準品の純度はEBCによる比色法9.11.1[6]により行う．各原液5mlを100ml容のメスフラスコを用いて希釈して250mg/Lの溶液とし、それぞれの希釈液を乾燥した試験管に0.10ml移し取り、さらにピペットで9.9mlの水を加えて総量を10mlとする．次いで、1％ o-フェニレンジアミン 4N 塩酸水溶液0.5mlを加えてから、20～30分暗所に静置する．この後4N塩酸水溶液2mlを加えて、分光光度計（波長335nm）で各溶液の吸光度を測定する．ブランク値を差し引いた吸光度値は以下のようになるので、この値から各標準品の純度を確認する．

　　　ジアセチル：0.230
　　　ペンタンジオン：0.198
　　　2,3-ヘキサンジオン：0.174

(3) ジアセチル濃度が高い時は、濃度の高い内部標準液（0.10mg/L, 0.15mg/L, 0.20mg/L等）を使用する．

(4) エタノール、蒸留水が汚染されていると、塩素化炭化水素のピークがビシナルジケトンと近いところに出現し、正の誤差を与えることがある．エタノール、蒸留水は汚染のないことを確認して用いる．

方法3．ガス洗浄法（改変 Micro 法）[3]

1. 要旨

試料溶液より、炭酸ガス洗浄により濃縮した形でビシナルジケトンを抽出し、Prill-Hammer 反応[7]によりジアセチル相当濃度として定量する方法で

ある．多数の試料を直列に連結し，一括してガス洗浄処理できるメリットがある．Owades と Jakovac により考案された方法[8] を著者が改変した方法[9,10]である．

2. 適用範囲
ビールに適用する．

3. 原理
ビシナルジケトンを，試料溶液より炭酸ガス洗浄により濃縮した形で抽出し，オキシム化後，第1鉄イオンとの反応により発色させ，530nm での光学密度を測定しジアセチル相当濃度として定量する．

4. 試薬
＜試薬1＞ヒドロキシルアミン-塩酸塩溶液：$NH_2OH \cdot HCl$ 11g を水に溶かし 250ml とする．

＜試薬2＞エタノール：ジアセチルを含有しないもの．

＜試薬3＞アセトン含有リン酸2カリ溶液：K_2HPO_4 29g を水に溶かし，40ml のアセトンを加え 200ml とする．調製後冷蔵庫に保存する．

＜試薬4＞アンモニア性ロッシェル塩溶液：酒石酸カリウムナトリウム 120g を 150ml の水に溶かし，この溶液 22 容に対しアンモニア水 3 容を加え混合する．アンモニアが揮散せぬよう密栓して保存する．

＜試薬5＞硫酸第1鉄溶液：$FeSO_4 \cdot 7H_2O$ 5g を 1％ H_2SO_4 溶液に溶かし 100ml とする．黄色化したら更新する．

＜試薬6＞検量線用標準溶液（100ml/L ジアセチル相当溶液）：ジメチルグリオキシム 0.1349g を 50ml のメタノールに溶かし，試薬1を 30ml 加え水で 1L とする．

5. 器具・装置 （図付.1，備考(1)参照）
(1) 炭酸ガスボンベ（減圧器付き）
(2) 流量調節バルブ付き流量計（炭酸ガス用，20℃，0〜0.5kg/cm² に

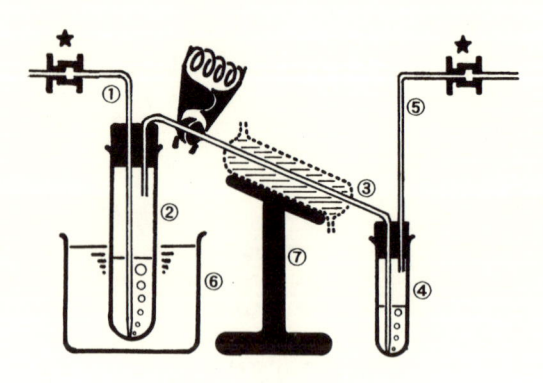

図付.1　溜液捕集装置
①通気管，②試料管，③冷却管付き連結管，④トラップ，⑤排気管，⑥恒温水槽，⑦保持具

おいて 50 ～ 500ml/min）

　（3）溜液捕集装置，ならびに，その保持具．通気管は，内径 3mm のガラス管．先端は内径約 1mm に絞る．試料管は，外径 30mm，長さ 200mm の試験管．冷却管付き連結管は，内径 3mm，冷却器の有効長 100mm 以上，先端は内径約 0.5mm に絞る．トラップは，5ml と 6ml に目盛りを付けた，約 15ml 容の試験管．

　（4）恒温水槽，または，湯浴．内容水を沸騰させることのできるもの．

　（5）光度計

6. 操 作 方 法

　溜液捕集装置（図付.1，備考(1)）の試料管に 20 ～ 40ml の試料（備考(2)）を採り，試薬 1 を 0.6ml，ならびに，エタノール 1ml を入れたトラップとともに連結管に装着する（表付.1，備考(3)）．冷却器（表付.2）に水を通し，通気管より炭酸ガスを少流量で通ずる．試料管は 90 ℃の水槽に内部試料液面の深さまで浸し（備考(4)），トラップは水槽外に出す．多数の試料がある場合には，排気管と次のセットの通気管とを連結し，冷却器も同じく直列に連結し，20 セットまで同時に使用することができる．炭酸ガスの流速を 175 ～ 200ml/min とし，約 25 分間（試料量 30ml の場合，トラップ内の液量が約 4.5ml となるまで）ガス洗浄を行う（図付.2）．捕集終了後，炭酸ガスの流速

方法 3. ガス洗浄法（改変 Micro 法）　　　　135

を落として（完全に止めてしまってはならない）から，トラップを，最後のセットのものから順番に外し，ガラス製の沸石の小片を添加してから 90 ℃の湯を大量に入れた水槽に深く浸け，オキシム化とともにエタノールの除去を行う（表付.3）．約 10 分間の加熱後に液量が 2.9ml 以上ある場合には，沸騰するまでに温度を上げ，当該量以下になるまで濃縮を行う．

加温終了後，暖かいうちに試薬 3 を 0.5ml 添加し，撹拌混合後放冷する．次いで試薬 4 を 1.5ml，試薬 5 を 0.1ml それぞれ撹拌しつつ添加し（備考(5)），水で 5.0ml とする（備考(6)）．直ちに発色するので 30 分以内に（図付.3）530nm での光学密度を測定する．

7.　結果の表示

検量線用標準溶液を用いて，ジアセチル 10 ～ 50μg について作成した検量線から発色液中のジアセチル相当量 A μg を求め，次式から試料中の濃度を算出する．

　　　ジアセチル濃度（mg/L） = A ×（添加回収率）$^{-1}$／V
　　　ただし，V は供試試料量（ml）

8.　備　　考

(1) 溜液捕集装置中の，蒸気，あるいは，液に接触する部分は，発色液混濁の恐れがあるので，ガラスまたはテフロン以外は用いてはならない．構造により回収率（通常約 90 ％）が変動する．溜液捕集装置は協和精密（株）（〒181-0015　東京都三鷹市大沢 1-2-41，TEL：0422-33-8421，FAX：0422-33-0898）より市販されている．

(2) 供試試料量は試料中のジアセチル濃度にしたがって増減する．試料量 10ml の場合には約 2.5ml の溜出液をとる．

(3) 複数の溜液捕集装置を直列に連結して複数試料を同時に処理する場合には，装置内が加圧状態となる．そのため，連結部分などでガス漏れが起こるとそれより下流の部分の試料やトラップ内液が逆流する．したがって，試料管やトラップの栓や連結部はしっかりと閉まる構造である必要がある．試料管，トラップ，連結部等の取り付け，取り外しに際しても，この点を常に

表付.1 トラップ内液量とジアセチル回収率との関係

	第1トラップでの回収率(%)	第2トラップでの回収率(%)
4.4%$H_2NOH \cdot HCl$, 0.6ml (=B)	94	5
B+水, 0.5ml	97	4
B+水, 1.0ml	97	2
B+エタノール, 0.5ml	96	4
B+エタノール, 1.0ml	98	2

注) ジアセチル相当0.05mg/Lのビシナルジケトンを含有するビール30mlに50μgのジアセチルを添加し,トラップを直列に2本つなげて炭酸ガス洗浄により溜出液を回収した.それぞれ,2回の測定の平均値.

表付.2 冷却管の有無と,その長さとジアセチル回収との関係

〈実験1〉

冷却管の有無	あり (15cm)			なし		
	第1トラップ	第2トラップ	第3トラップ	第1トラップ	第2トラップ	第3トラップ
	0.084	0.006	0.007	0.074	0.015	0.007
	0.084	0.006	0.006	0.076	0.012	0.006

〈実験2〉

冷却管の長さ(cm)	30		15		7.5	
	第1トラップ	第2トラップ	第1トラップ	第2トラップ	第1トラップ	第2トラップ
	0.103	0.008	0.108	0.009	0.107	0.007
	0.106	0.008	0.104	0.008	0.105	0.007
	0.105	0.008	0.108	0.009	0.107	0.008

注) ビール30mlを試料管に取り90℃でガス洗浄し,トラップを直列につなげて溜出液を回収し,発色させた場合の吸光度(OD_{530nm}).試薬のみを発色させたブランク値は0.006〜0.008であった.

考慮し,必ず,下流のものから取り付け,取り外しを行う必要がある.

(4) 試料管を水槽に深く浸けると溜出液中の水の割合が増し,規定量の溜出液を採ってもジアセチルの回収が十分でない場合がある.

(5) 硫酸第1鉄の添加により生ずる混濁は,直ちに撹拌して完全に溶解さ

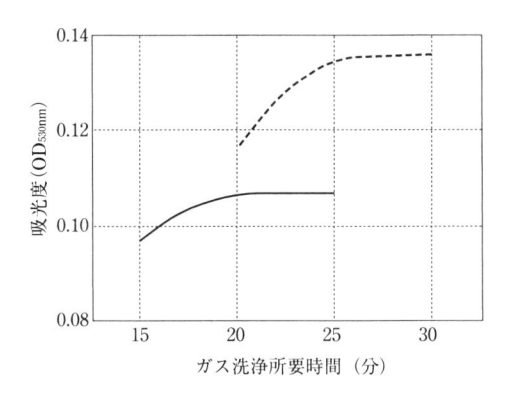

方法 3. ガス洗浄法（改変 Micro 法）

図付.2 ジアセチルとペンタンジオンの溜出所要時間

―― : ジアセチル, ---- : ペンタンジオン
ビシナルジケトン含量0.03mg/L（ジアセチル相当）のビール30mlにジアセチルあるいはペンタンジオンを約0.5mg/L添加し，90℃で炭酸ガス洗浄を行った．それぞれの際の溜出量は，ジアセチルの場合，15分で1.9ml，20分で2.4ml，25分で3.0ml，ペンタンジオンの場合，20分で1.8ml，25分で3.1ml，30分で4.3mlであった．

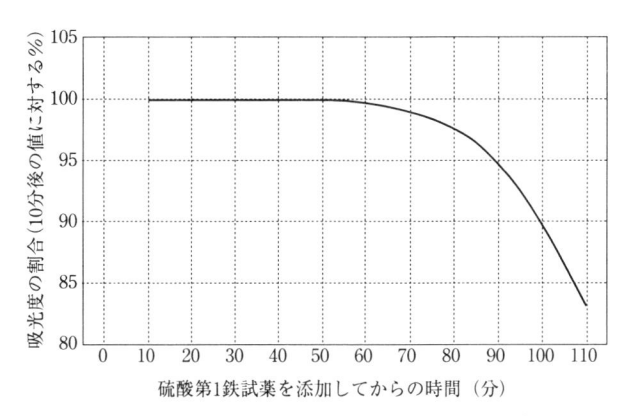

図付.3 発色液の吸光度の安定性（明所，28℃）

せる必要がある．器壁に付着して残存するものがあると測色時の誤差の原因となる．

(6) オキシム化，次いで濃縮処理を行った後の液量が，2.9ml以下にならない場合には，発色させた後，全量を6mlとして測色，あるいは目盛りか

表付.3　エタノール存在下での発色強度

エタノール存在量 (5ml中のml数)	吸光度 (OD_{530nm})	
0	0.187	0.188
0.4	0.188	0.184
0.8	0.161	0.177

ら液量を目測し，測色結果を全量 5ml の場合に換算してジアセチル相当濃度を算出する．

引用文献

1) ビール酒造組合国際技術委員会（分析委員会）編：BCOJ 分析法，8.16.1 （財）日本醸造協会，1998
2) ビール酒造組合国際技術委員会（分析委員会）編：BCOJ 分析法，8.16.2 （財）日本醸造協会，1998
3) 井上　喬：醸協，**75**, 26 (1980)
4) AMERICAN SOCIETY OF BREWING CHEMISTS: METHODS of ANALYSIS of the ASBC (7th revised ed.), Method Beer-25A, The Society, St. Paul, MN, USA (1976)
5) AMERICAN SOCIETY OF BREWING CHEMISTS: METHODS of ANALYSIS of the ASBC (7th ed.), Method Beer-25E, The Society, St. Paul, MN, USA (1976)
6) EUROPEAN BREWERY CONVENTION: ANALYTICA EBC (4th ed.), Method 9.11.2, p. E189, Brauerei- und Getränke-Rundschau, CH-8047, Zürich, Switzerland (1987)
7) E. A. Prill and B. W. Hammer: *Iowa State College J. Sci.*, **12**, 385 (1938)
8) J. L. Owades and J. A. Jakovac: Am. Soc. Brewing Chemists, Proc. 1963, p. 22
9) T. Inoue: *J. Am. Soc. Brew. Chem.*, **36**, 139 (1978)
10) T. Inoue: *J. Am. Soc. Brew. Chem.*, **38**, 159 (1980)

あとがき：ジアセチル研究にたずさわって

　ジアセチルに関する研究は著者のライフワークとでも言える仕事であり，この仕事を一冊の本にまとめることができるということは大きな喜びである．30年にも及ぶ研究であったのでその過程では多くの人達のお世話になった．また，感じ，考えさせられた点も多く，自分の人生の軌道決定にも大きくかかわってきたことは間違いない．決して自慢できる人生ではないが，反省も含めてその経緯を「あとがき」として本文の中に盛り込ませていただいた．併せて読者の参考となれば幸いである．

1. 研究の開始

　著者がジアセチルに関する研究に取り組んだのは決して自分から望んでのものではなかった．著者がキリンビール（株）の研究所に入社したのは1959年であるが，そのころのわが国のビール需要は年率20％もの増加率で伸び，工場が次々と建設されており，当時参加させてもらっていたテニスクラブのオーナーから，「次の増資はいつだ」とよく聞かれて，困ったのを覚えている．当時の研究所は社長直属で，製造現場とは距離をおいて専ら基礎的な研究を，一人一テーマ態勢で行っていた．前所長で九州大学総長も務められた奥田譲先生が顧問で，毎月寝台列車で九州からおいでになり，毎年秋には，坂口謹一郎，片桐英郎，山崎何恵の各先生をお迎えして研究発表会が開かれていた．その席でいつも話題となったのは，夏になるとビールがまずくなる，ということであった．原因は高いジアセチル含量にあり，夏季の急増する需要に供給が間に合わず熟成期間が短くなるためであることはわかっていたのであるが，制御できなかったのである．また，第二次世界大戦後，戦勝国でもビールの需要が急増し同様な問題がおこっており，さらに連続発酵などの

新技術の導入によるジアセチル臭発生もあり，ジアセチル問題は世界的な問題でもあった．そこで，1964年当時の梅田康生所長は，プロジェクトチーム体制の研究を，ビール化学を研究していた第2研究室に命じ，翌年には著者の属していた微生物の研究室であった第4研究室にも参画を命じた．当時著者は入社以来の2テーマを比較的成功裏に完成させ，3テーマ目の酵母の長期保存法の開発に取り掛かってちょうど1年がたったところであった．このテーマは，当時まだ盛んであった春の賃上げ闘争のストライキ期間中に，その後に来る夏に大量に必要となるビール用の酵母を，できるだけ活性の高い状態で保存するという目的のものであった．すなわち当時は2～3カ月もかかってビールをつくっていたのである．学会でも当時盛んになりかけていた核酸の役割とも関係して，パン酵母や麹菌に関して同様な研究が始められたころであり，著者としては大いに張り切って研究に従事していたのである．ところがこのときに，著者と著者の上司であった山本康氏に当該プロジェクトチームへの参加が命じられ，所長室でそれを言い渡されたときにはカッと頭に血が上り，何を言ったかは覚えていないが，山本氏により所長室から連れ出されたことを覚えている．頭に血が上った状態はその日の就業後まで続き，横浜の伊勢佐木町にあった有隣堂へ行って研究管理に関する本を調べ，研究員の意欲を減退させる要因としての「テーマ変更」の記述を見つけ，早速購入し図書館に目立つように置いておいたことを覚えている．日本工業新聞社の発行で薄い本ではあったが，当時としては高い千五百円であったことまで覚えている．しかし，このテーマ変更のお陰でその後30年間も研究を続けられ，また研究管理にも関心をもち続けて人生を歩んでこられたのであるから，梅田元所長には足を向けて寝られない．

2. アセト乳酸の存在の確認

研究開始当時は当然身が入らず，皆で手分けして文献を読むことになっていたが，それに基づいて自分で計画を立てることはできず，結局は山本氏に言われたままに実験をするという形となった．当初の目的は，そのころまでに推測されていた，ジアセチルの前駆体であるアセト乳酸の存在を検証する

2. アセト乳酸の存在の確認

ことであった．しかし，社内で既に数年前から当該研究に従事し，アセト乳酸の存在の推定までしていた某先輩に意見を聞きに行ったところ，「もう俺が全部はっきりさせてあるからやることはないよ」と言われる始末で，途方に暮れるばかりであった．アセト乳酸の存在は，他の研究者も既に行っていた定性的な方法では検証できたが，ジアセチルとアセト乳酸との分別定量がなかなかうまくいかなかった．それまで社内で行われていた，酸で処理してアセト乳酸らしきものをアセトインに分解後，ジアセチルを定量する方法 (2.2.3(1)参照．以下，酸処理法と呼ぶ) を用いてもなかなか一定値が得られないため，一定値の得られる条件を求めて約1年を費やしてしまった．

翌年新所長となった黒岩芳朗氏は，酵母の核酸やグルタチオンの抽出，精製をしてきた生粋の化学者であり，早速，「アセト乳酸を抽出し純品としてはっきりその存在を証明しなければだめだ」と言われた．これは，後に学位論文を提出したときにも主査であった有馬啓先生にも言われたことであるが，いまだに世界中でだれも成し得ていないことである．著者はそこで手初めに当時まだ市販されていなかったアセト乳酸（の誘導体）を合成することにした．文献としては Krampitz の報告[1]があったが，簡単にはいかなかった．一番苦労したのは，アセト酢酸エステルにメチル基を導入後，四酢酸鉛を用いてアセトキシ化する段階であった．吸湿性のある四酢酸鉛はすぐ加水分解をして酢酸を生成し，酢酸は生成物を酸分解してしまう．酢酸を除くのが一苦労であった．それ以上に苦労したのは反応後，反応溶液から未反応の四酢酸鉛を水を使って取り除く段階であった．反応液（ベンゼン溶液）も洗液も墨汁のように真っ黒で分液ロート内で両液の界面が非常に見分けにくい．そのうえ，洗っていくうちに反応液と洗液との上下関係が逆転するのである．これには参った．何回か，せっかく合成した反応液を捨ててしまった．しかし，これを何とかやり遂げられたのは，学生時代休学していた間，ゼミの延長として教授の研究室で有機合成を1年以上手伝わせていただいた経験があり，結構な自信をもっていたためであろうと思う．何かをやったという経験はどこかで生きてくるものである．この合成実験では，得られたエチルアセトキシアセト乳酸の沸点が文献値と少し違っているということも発見した．

結局，アセト乳酸の同定は，合成して得たアセト乳酸と酵母による発酵液

中に存在するアセト乳酸（らしきもの）との挙動の違いにより行った．それまでの醸造関係の他の研究者との違いは，彼らは文献上に報告されているアセト乳酸の性質と発酵液中に存在するものの性質との比較によったという点である．それでもこの確認は大きな意義があると，まず，「醗酵工学雑誌」（現「日本生物工学会誌」）に速報として投稿し，次いで American Society of Brewing Chemists（以下，ASBCと略す）の1968年大会で発表することになった．しかし，英文での原稿作りは著者にとって初めてのことであり，このときの苦労も思い出に残っている．山本氏と詳細にわたって検討し，あるときには午前2時まで絞られたこともあった．山本氏は指導者であったわけではあるが，良くあそこまで付き合ってくれたものだと今では感謝しなければならない．しかし，当時は"へきえき感"しかもてなかった．おまけに，アセト乳酸とジアセチルとのしっかりした分別定量法がまだできていない段階であったので，定量的なデータには当然矛盾があり，その点でもしっくりしない気分があったことも確かである．この発表は，当時のわが国の経済状況では，だれかが参加して発表するということはできず，米国のビール会社の技術者に代読してもらった[2]．

このようにお粗末な発表ではあったが，その年の秋に酵母の生理代謝関係の大御所で，世界的に有名であったフィンランドの Suomalainen 教授が同じ結論の研究結果を「Nature」誌上に発表した[3]．こんな雑誌を見ることもなかったぼくらの著者に，見つけて知らせてくれたのは後に酵母細胞壁溶解酵素「Zymolyase」の発見で有名となった北村勲平君であったが，良く言われる，「同じことをやっている研究者は世界のどこかに必ずいる」ということをまさに実感させられた．このようなことは，ジアセチルとアセト乳酸の分別定量法を開発できたとき，アセト乳酸脱炭酸酵素遺伝子を酵母に組み込んで，アセト乳酸生成能の低い酵母の開発に成功したときなどにも経験した．いずれも1年以内，ある場合には1カ月くらいの差であった．幸いにもそれらのすべてで我々は先手を打つことができたが，発表のタイミングの大切さとこわさを十分に経験した．

3. ジアセチル生成メカニズムの解明

　そこまで予測していたわけではなかったが，合成したアセト乳酸を用いて実験を開始したことにより，その後の大きな展開を迎えることとなった．すなわち，アセト乳酸をビールに添加して酸処理法で分解してみると，必ず何%かのジアセチルの副生が認められたのである．ビール用の発酵液を同じ条件で処理した場合に得られたジアセチルの測定値を，それまでにジアセチルとアセト乳酸の合計量として測定していた値で除してそのパーセンテージを計算してみると，いずれの場合にも，合成したアセト乳酸をビールに添加して酸処理した場合にジアセチルが副生してくる割合と一致することがわかった．「ということは」と考えるとさすがにぼんくらな著者も興奮した．すなわち，発酵液中のジアセチル濃度はゼロであり，それまでジアセチルとアセト乳酸との和と考えていたものはすべてアセト乳酸であったということになる！何とかこれを直接的に証明しようと，今思えばこの辺りからやっとやる気になったと思われる．この証明は，表3.1の実験で行い，直ちに，速報を一番早く出してくれるところを探し，1969年に「Arch. Biochem. Biophys.」に投稿した[4]．タイトルはセンセーショナルに，「Absence of Diacetyl in Fermenting Wort」とした．今ではさして驚かれないことであるが，これを社内で発表したときには「そんなことを言って大丈夫か．証明は十分なのか」と随分言われ，「歴史が証明しますヨ」と若気の至りで大見えを切ったこともあった．

　ジアセチルがビール発酵液中にないとすれば，どこで発生してくるのかが当然その後にくる問題である．それを直接的に解明するにはどうしてもアセト乳酸とジアセチルとの分別定量法の確立が必要である．酸処理法はビール発酵液には使えないということがはっきりしたので，2.2.3(2)で紹介した，アセト乳酸が分解しない条件下でジアセチルを揮散させ，残った液中のアセト乳酸をジアセチルとして定量する方法を案出した．ジアセチル濃度は，酵母を除いただけの発酵液中のアセト乳酸とジアセチルの総量を，前者を後者に酸化的脱炭酸処理してから測定し，その値から先に測定したアセト乳酸濃度を差し引いて求めた．この方法でも発酵中の液内にはジアセチルの存在は

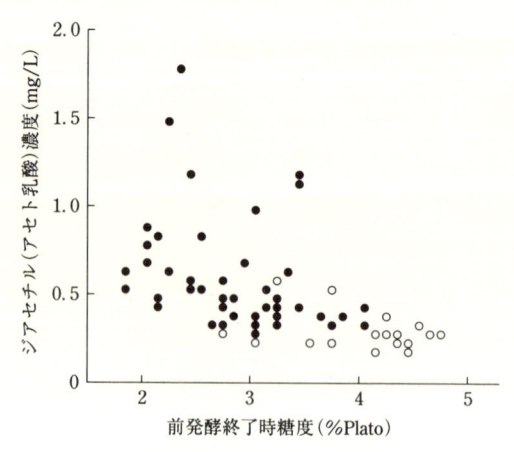

あとがき：ジアセチル研究にたずさわって

図 10.1 1960年代のビール工場現場における前発酵終了時糖度とジアセチル（アセト乳酸）濃度

● : 発酵が活発であった場合，○ : 発酵が緩慢であった場合

認められず，熟成中にもほとんど無く，製品化の工程で加熱殺菌（パストゥリゼーション）することにより生成することが判明した．すなわち，分析操作中の加熱によりアセト乳酸が分解し，ジアセチルが生成するのと同じことであった．

これらの解明によりそれまでの矛盾も解決でき，1968年の発表を訂正する発表を1970年に再びASBCの大会で行うことになった．タイトルは，「ビールのジアセチル問題を解明したのだから」との黒岩所長の命で，「Diacetyl and Beer」ということになった．著者としては，1969年のタイトルのほうが気に入っている．なお，この発表も，アメリカ人コンサルタントのブレンナー氏に頼んで代読してもらった[5]．

4. バリン代謝とアセト乳酸生成との関係の発見

ジアセチル生成メカニズムが判明したことで，その生成の制御に取り掛かることになった．当時，前発酵終了時の濃度は図10.1に示すようにタンク

4. バリン代謝とアセト乳酸生成との関係の発見

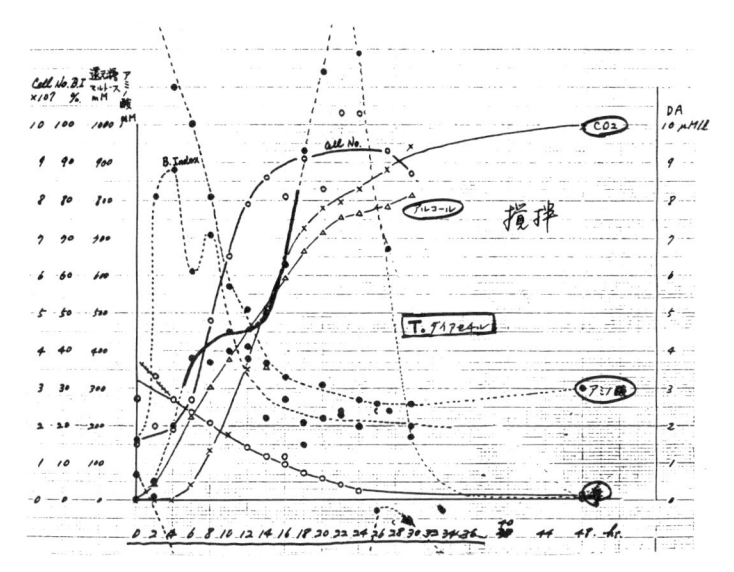

図 10.2 アセト乳酸生成の休止期を発見した時の実験ノート

ごとにばらついていた．後発酵工程ではそれらをブレンドし平準化してはいたが，製品化はタンクごとではなくそれらを数十個収めた庫ごとに行わざるを得ない工程となっていた．そのため，ジアセチル臭のついたビールを市場に出さないためには安全策を取って，前述のように2〜3カ月もかけてビールをつくっていたのである．したがって，前発酵タンクごとのアセト乳酸の生成レベルを平準化し，できるだけ低くするのが研究の目的であった．企業レベルの一般的な研究であると，原料品質や製造条件をいろいろと変えて最適条件を求めていくのが普通であろうが，当時のキリン社の研究所の基礎研究的な雰囲気の中で，「静置発酵 → 撹拌（均一系）発酵 → ケモスタット → 細胞内酵素活性解析 → ……」と取り進めるべきだとの山本氏の方針の下に，まず撹拌発酵系でのアセト乳酸の生成の様子をみることになった．

モデル的な実験であるので，製造現場の条件をもはや踏襲することはないため，20℃で発酵を行わせて，時間をおって麦汁成分の変化を見ていくこととした．発酵の終了までには30時間ほどかかり，当然徹夜実験となったが，若くもあったし，その少し以前に，1週間ほどかかる前発酵中の酵母の

形態変化を，山本氏と昼夜兼行で追跡したこともあった[6]ので，まじめに2時間間隔でサンプリングするという計画を立て，実験に取り掛かった．その結果が図10.2である．汚い実験ノートの1頁であるが記念すべきものであるのでそのまま載せさせていただく．

ほかの麦汁成分が単調に変化している中で，アセト乳酸のみが，変化を一時中断しているような挙動をしているのに気がついた．当初は何かの事故的なものと思ったが，再度実験を繰り返してもこの現象がみられたため，その原因を突き止めようということになった．原因として考えられたのは，その数年前（1966年）に英国のジョーンズ女史が，麦汁中から各アミノ酸が酵母に取り込まれて，消失していく状態には一定の順番があり，各アミノ酸が皆同時にいっせいに取り込まれていくのではないと発表したこととの関連である．アセト乳酸はアミノ酸の一種のバリン生合成の中間体であり，バリンのアセト乳酸合成酵素に対するフィードバック・インヒビションは，当時花形であったアミノ酸発酵工業を実用化させたモデル的調節機構として有名なものであったので，ジョーンズ女史の現象と，この調節機構との関連で何らかの現象がここで起こっているのではないかと考えた．それまでにも，ジアセチル生成と麦汁中のバリン消費との関係についての発表はないわけではなかったが，こういう現象との関連での発表はまだなかった．

当時（1970年頃）のアミノ酸分析計は全分析に6時間を要するものであり，しかもそれはジョーンズ女史の発表した現象を追試していた大麦麦芽グループが使用しており，私の使えるのはそれより1段旧式の，カラムが1.5メートルもある，全分析所要時間24時間という代物であった．これではどうしようもないと，分析計の構造を徹底的に調べ，新式との違いはたいしたことはないと見当をつけ，新式で用いられているカラムと充てん剤を購入してつけかえ，ポンプの流速を上げて，新式並みの性能を得ることに成功した．おまけにちょっとした切り替えバルブをつけ，守衛さんに「夜の巡回のときにここをこう引っ張って切り替えてください」と頼んで能率をあげた．もっとも，この効率化は，「守衛に規定外の実験の手伝いをさせてはならぬ」との労働組合からの注意で，しばらくして中止せざるを得なかった．まじめな守衛さんが，責任を重く感じ過ぎたようであった．

4. バリン代謝とアセト乳酸生成との関係の発見

ともかく，このアセト乳酸の生成一時中断現象と，発酵中の酵母によるバリン取り込みとの関係はもくろみ通りであった（4.3.2(1)②参照）．そして，この中断期に，製造現場ではアミノ酸の酵母による摂取が終わり，アセト乳酸の生成もそこで終わっていることが判明した．また，アセト乳酸生成の多かったタンクでは，酵母の増殖が盛んすぎてアミノ酸消費が進み，バリンが消費し尽くされるためにアセト乳酸の生成が再びおこってしまうためであることが判明した．つまり，夏期には醸造期間を短縮するために，前発酵期間も短くしようと，発酵温度を高めにしたり，麦汁通気量を多くしたりしていたのが裏目に出ていたのである．図 10.1 でも前発酵終了時の糖度が低い，つまり，発酵が快調に進んだタンクで高いジアセチルが記録されている傾向がみられる．この解明によりキリン社では「前発酵終了時のアミノ酸レベルを○○ mg/L 以上に保つこと」との製造標準が設定され，前発酵終了時のアセト乳酸生成レベルの変動は小さくなり，そのお陰で後発酵期間も半分程度にまで短縮することが可能となった．この成果は後に社長表彰制度ができて対象として取り上げてもらい，金一封をもらうことができた．この仕事は 1973 年，山本氏が ASBC 大会で発表した[7]．

今になって考えてみると，この仕事ができたのは山本氏の的確な指導があったことは言うまでもないが，最初の追跡実験の際のサンプリング間隔を 2 時間とし，まじめに徹夜実験をしたことがカギとなったことがわかる．サンプリング間隔が 2 時間ということは，採取した試料の中の酵母の状況を観察し，その発酵液中から酵母を除き，分析にかけるまで安定に保存できる状態にまで前処理していると，全く寝ている時間はないのである．当初，夜中にちょっとと思って横になりそのまま寝込んでしまい，サンプリング時間を逸してしまったこともあった．後に，早いうちから疲れていなくとも空き時間には横になっていると体が持つことを会得した．何事も慣れれば何とかなるものであるので，頑張らねばならぬときには頑張ることである．この研究成果を私たちの発表後に，同様に観察し報告しているのは，世界広しといえどもサントリー社からの 1 報だけである．ほとんどの研究者は数時間かそれ以上のサンプリング間隔であるので，（20℃では）4〜5 時間程度しかない，このアセト乳酸の生成中断現象を捕らえることができておらず，無理に真っ

すぐな生成曲線を描いている．エジソンほどの大発明家ではないが，まさに「発明（発見）は，99％の汗と1％のひらめきに拠る」のとおりである．

5. シリンドロコニカルタンクの導入支援

このころは30代半ばで若くもあったし，研究も順調であったので，徹夜実験も何回も行い，実験は会社で，データ整理は自宅でという生活であった．小さな子供が3人いたが，家のことは何もせず全部家内任せであった．おまけに，ブラスバンドやテニスの選手もしていたのであるから，家内にはよほど感謝しなければならない．

後に医薬や植物関係の多角化をキリン社に導入した糸賀智男元副社長は，東京工場長時代に，解明されたジアセチル生成メカニズムを早速応用し，ジアセチル休止（4.4.2(1)参照）的な後発酵方式を導入し，醸造期間短縮をある程度成功させていたが，取手工場に移ってシリンドロコニカルタンク（図4.1参照）の導入を計画した．当該タンクはアサヒビール社で原型の屋外型タンクが1967年に開発され，それの改良型が世界的に普及し始めたころであった．50キロリットル容の試験タンクを設置して試験醸造したところ，ジアセチル臭の強いビールができてしまったということで，著者に応援の依頼があった．著者は前項のバリンによるアセト乳酸生成調節メカニズムを発見した直後であり，これはよい実例が現れたと喜び勇んで参加した．ところが解析をしてみるとビールの中にはバリンがしっかりと残っており，先の調節メカニズムでは全然説明のつかない現象であった．検討の結果，アセト乳酸生成休止期以前の酵母の生理状態もアセト乳酸生成に大きく影響するとの，4.4.1(2)で紹介した調節機作の発見につながった．すなわち，発酵中の酵母の増殖は盛んすぎても，穏やかすぎてもアセト乳酸の高生成につながるということが判明し，伝統的な発酵法の合理性に改めて感心させられた．この研究は，アセト乳酸の高生成の原因となっていると思われる，細胞内のピルビン酸の濃度測定まではできなかったこともあり，また企業秘密としておいたほうが得策であると考え，1981年まで発表は伏せておいた[8]．著者としては，先のアセト乳酸の生成とバリン消費との関係の発見が，当時既に

シリンドロコニカルタンクを導入していた，世界の醸造所で議論されていた酵母添加のタイミング論争に解決のめどを与え，当該タンクの導入の遅かったキリン社が相対的に製造効率を下げていたことに対して多少後ろめたさを感じていたこともあったためで，発表ができなくて特に残念と思うこともなかった．

6. ジアセチル分析装置の開発

1972年に13年間一緒に研究し，けんかもしてきた山本氏は新設の技術情報課に移り，1974年には仙台工場に転出した．同年，著者は管理職となったが，引き続き研究を続けていた．その一つに，ジアセチル分析装置の開発があった．当時，ガスクロマト法は既に報告されていたのであるが，まだ自動サンプル導入装置の開発はできておらず，また，放射性同位元素を検出器に使っていたので管理がめんどうで，著者はあまり使わず，専ら自分が改良した比色分析法（付録の方法3）を使っていた．この方法は，10以上のサンプルを同時に処理して比色定量用試料を調製できるので，慣れると結構便利であった．また，当時，ビール4社の研究所に国税庁醸造試験所（現酒類総合研究所）を加えた5研究所のテニス対抗戦が毎年開かれており，その際のライバルであった醸造試験所の大内弘造氏（現協和発酵社）から，「清酒業界で低アルコール酒の開発をやっているがジアセチル臭がついてしまう．ジアセチルの話を清酒関係の会で話してくれ」との話があり，当該分析法を紹介し，分析用器具をお貸しし，方法を講習するなどした．その関係でこの器具を使いやすいように組み込んだ装置を開発することを管理職の合間にやっていたのである．また，シリンドロコニカルタンクを使ったビールの醸造法が普及するにつれ，ジアセチル休止期間（4.4.2(1)参照）の終了を知るために，タンクごとのジアセチル分析が必要となってきた背景もあったからである．黒岩所長からは「そんなことは止めておけ」といわれたが，「管理職業務の合間にだから」といって許可してもらった．

そこへ1976年，清涼飲料の研究室への異動を新所長の堀江雄氏から言い渡された．これはショックだった．17年間も微生物研究室にいてすっかり

微生物の専門家のつもりでおり，管理職としてこれからと思っていたので，帰途，鳥川の河原でボーとした時間を過ごしたことを覚えている．その結果か，今から思えばバカなことを言ったものだと思うが，堀江所長に，「ジアセチルの仕事を持って行かせてくれ」と申し入れた．学位論文を提出することになっていたことも関係していたかもしれない．所長も著者のショックを感じたのかそれを許してくれた．しかし当時の清涼飲料の研究室は，サントリー社が発売した「オレンジ50」というそれまでにない飲料が爆発的にヒットしたことを受けて，現在のキリンビバレッジ社の前身の部署が独自に開発部門を設立し，研究所のチームは新しい路線を見つけなければならない状態であった．その上にもうひとつ，堀江新所長の開発型研究所への方針に対応して，ベテランアシスタントをひとつの研究室に集め，開発研究チームへ派遣するという仕事も，わが研究室の役割であった．これはアシスタントたちに非常に不評な制度で，不満の矛先は当然著者に向けられた．幸いこの問題は所長が1年後には撤回してくれて収まり，その後しばらくして，路線問題も当該研究室のベテラン研究員，神谷孝之君の助けをかりて解決のめどを見つけることができた．

　このような状況の中で細々とであっても，前研究室から持ち込んだジアセチルの研究を，アシスタントの手でではあっても続けていた私の姿は，研究室員にはどう映っていたであろうか．管理職とは何ぞやということが，長く気ままな研究員をやっていたせいか，わかっていなかったのである．結局，できあがった装置は120万円という，予想を大幅に上回る値段となり，社内の各工場は買ってくれたが，社外では清酒関係と大学へ数台売れただけであった．製造販売を委託した会社が液体クロマト関係の会社で，醸造業界向けの商品を他に持っておらず，営業しながらの宣伝ができなかったことも一つの原因であったようだ．皆に迷惑をかけたが，小生としてはよい勉強をさせてもらった当該研究室時代であった．

7. バイオ研究の開始

　その後著者は2年ごとに，大麦麦芽研究室，ホップ研究室，ビール化学研

究室と異動した．その間，さすがの著者ももうジアセチルに関する研究はしなかった．1981年の発表[8]も同僚研究員にやってもらった．なお，著者が初めて自分で自分の研究を海外で発表できたのは，最初の発表から9年たった5報目の1977年で，42歳の時であった．

最後の研究室の室長に異動した1982年，キリン社は技術力による多角化ということで医薬，植物業界への参入を決め，それまでの総合研究所は縮小され，各部門独自の諸研究所が設立された．総合研究所の研究員に対しては新規事業へのチャレンジが要請された．ビール部門では独自に開発センターを設立し，ビールに関する基礎研究はもう要らないという雰囲気となった．著者はやるなら好きな植物関係をと思ってはいたが結局声はかからず，居残りとなった．しかし旧総合研究所が一部残ってビール研究所と名称を変更した新研究所に対しては，今までの「駆込寺」のようではない，開発型の，社業に真に必要な研究をするようにと抜本的な方針の見直しが求められた．管理職が集まってその相談をしている中で，当時の所長が体調を崩され，最古参であった著者が中心とならざるを得なくなった．しかし，開発的な考え方はなかなかできず何度も案を却下され，最終的にOKが出たのはそれから半年が過ぎた1982年10月22日であった．新しい方針はニューバイオテクノロジーに特化するというものであった．それまでは，どんな技術を導入するかということよりも，何を開発するかということのほうが重要だと考えていたが，改めてニューバイオテクノロジーというものを考えてみると，その可能性は高く，差別化できる商品のターゲットも容易に考えられることに遅まきながら気がついた．そのときには既にキッコーマン社から「固定化微生物法によるしょう油様調味液製造法」開発のニュースも流れており，世の中は既にその方向へ動いているとの兆候も実感させられた．そこで研究所員に，ニューバイオテクノロジーを利用した研究テーマの提案を求めたのであるが，それを研究してきているはずの研究員から全くそれらしい提案が出てこないのには参った．期待に沿うテーマ提案はたったひとつであった．そんなとき，社外からの依頼で話した「ニューバイオテクノロジー時代におけるビール醸造に関する研究」[9]は，半分所員に対する説明であった．このとき，事務局の若い女性から懇親会の席で「わたしは専門家ではないがニューバイ

オの意味がよくわかった」と言われ，うれしかったと同時に，なぜ当社の研究員にはわからないのかと情けなく思ったことを覚えている．もしかすると，当時の社内の雰囲気の中で，旧総合研究所時代の代表的研究員の一人であった私の言うことを，若い所員は素直に聞けなかったのかもしれない．

ともかくそのような状態で，やむを得ず，「固定化酵母方式でのビール醸造」と，「遺伝子組み換え法によるジアセチル非生成ビール酵母の開発」という2つのテーマを著者のアイディアの下に設定し，開始することとした．このような研究は既に世の中では開始されており，決して先駆的ではなかった．今でも覚えているのは，当時日本醸造協会が主催して統一テーマの下に各業界から話題を提供するシンポジウムが毎年秋に開催されており，1983年のテーマが「ニューバイオテクノロジー」となったら，我々には発表するものがないと心配したことであった．幸い統一テーマは別のものとなり紀憂に終わった．

図10.3 英国の研究所との共同研究で遺伝子組み換えビール酵母を用いてつくったビール

「固定化」のテーマの方は，ジアセチル生成制御をすることは，結局他のほとんどの香味成分の生成を制御するところに通ずるということがそれまでにわかっていたので，それにしたがって取り進め，若いパイロットプラント要員が主体的にいろいろと工夫を加えてくれて，ほぼ計画通り順調に進んだ．1985年には欧州ビール醸造協会連合会（European Brewery Convention）の大会で発表するまでになった[10]．

「遺伝子組み換え」の方は，進展がはかばかしくなかった．83年の秋には担当研究員の留学により中断せざるを得ぬ状態となり，一時はターゲットを変更しようとも考えた．しかし，翌年の春に入社して研究を担当した曾根秀隆君が，その年の暮れに見事にアセト乳酸脱炭酸酵素遺伝子のクローニングに成功し，その年に研究所長に任命されていた著者によいクリスマスプレゼントをしてくれた．この年は，中堅研究員の退社，事務員の死亡，所員の交

通事故など，悪いことが重なり意気消沈していたのであるが，最後によいことがあった．

また，フィンランドの国立研究所，英国の Brewing Research Foundation との共同研究も経て（図10.3），研究的には大成功であったし，実用に耐える株も開発できたが，社会的な容認の問題でいまだに実用化できていないのは周知の通りである．研究が終わっても，実用化までにはまだ90％の道程があると言われているが事実である．

8. エピローグ

その後著者は，22年間を過ごした高崎を去り東京のビール事業本部に移り，技術関係の対外業務を担当した．この時期に参画していた食品関係の会で，ジアセチルの研究会を鴨川で3日間開催したことがある．この時に明治乳業社の金子勉氏と知り合ったのが縁で，実は氏との共著で本書を書くことにしていたのである．しかし誠に残念なことに，氏は1999年の暮れに50歳の若さで急逝されてしまった．ジアセチル研究にとっては大きな損失である．共著ができていれば，本書の発酵乳製品や乳酸菌の部分がもっと充実したものとなっていたことであろう．

1997年春，著者は定年退職後のキリン社との顧問契約が切れるのを機に，北米大陸醸造技術者協会（Master Brewers Association of the Americas）の技術委員会委員も辞任しようと，最後の委員会業務である発表論文集めを事務局と連絡を取りながら行っていた．そこへ委員長から，当年度の功績賞の受賞者として著者が推薦されたとの連絡が入った．これには驚いた．それまでの受賞者は，ほとんどが当該大陸の会員で，それ以外にはドイツのミュンヘン工科大学のナルチスという超有名教授が受賞しているだけである．うれしかったというよりは，アメリカ人（ばかりが推薦委員ではないが）は懐が広いなという思いの方が大きかった．受賞講演は30分間で，大会の中で行った．座長は幾つかのテーマでお互いにしのぎを削って来たベルギーのMasschelein教授であった．5分近くもかけてていねいな紹介をしてくれ「俺のしゃべる時間がなくなってしまう」と心配した程だった．残念なこと

に教授は 1999 年，67 歳で急逝されてしまった．講演の内容は当然ジアセチルを中心とした研究の概要と，途上国の研究者を励ます気持ちで，最初は外国へ行って自分で発表するなどということは夢のまた夢であったことなどを盛り込んだ[11]．話し終わったところで音楽会でのアンコールのように拍手がしばらく続いたのには感激した．また，ロビーで見知らぬ人達からも，「Well deserves！」と言われて握手を求められたのにも感激した．欧米人はひとを喜ばせるのが上手である（図 10.4）．

図 10.4　1997 年度北米大陸醸造技術者協会功績賞

ビールにおけるジアセチルの問題は，1970 年代中頃からビール需要の増勢が鈍化したこともあり，各社ごとでの問題はあるにしても，業界共通の問題はもはやなくなった．現在，世界的には新技術開発へのジアセチル臭発生制御メカニズムの活用が盛んに行われ，後発酵を 1 日で済ませる方法が実用化され，アセト乳酸生成の非常に少ない酵母の変異株も世界各地で使用されている．また，アセト乳酸脱炭酸酵素も商品として出回っており，ジアセチル臭発生の防止，あるいは，熟成期間短縮に使用されている．

一方，ビール以外の分野では臭いの重要性とは裏腹にいまだにジアセチルの生成メカニズムが明確ではなく，したがって生成制御も自由に行いうる状態ではないようである．いちばん問題となる乳酸菌においても，本文中で述べたように，まだジアセチルの生合成があるかどうかがはっきりしていない．それらの分野での技術発展に本書が少しでも役にたてれば幸いである．

最後に，この章の中で名前を上げさせていただいた各氏，ならびに，共同研究者，アシスタントの諸氏に心から感謝の意を表したい．

引用文献

1) L. O. Krampitz : *Arch. Biochem.*, **17**, 81 (1948)
2) T. Inoue *et al.* : Am. Soc. Brewing Chemists, Proc. 1968, p. 158
3) H. Suomalainen and P. Ronkainen : *Nature*, **220**, 792 (1968)
4) T. Inoue and Y. Yamamoto : *Arch. Biochem. Biophys.*, **135**, 454 (1969)
5) T. Inoue *et al.* : Am. Soc. Brewing Chemists, Proc. 1970, p. 198
6) Y. Yamamoto and T. Inoue : *Rept. Res. Lab. Kirin Brewery Co., Ltd.*, **9**, 11 (1966)
7) T. Inoue *et al.* : Am. Soc. Brewing Chemists, Proc. 1973, p. 36
8) T. Inoue : *Technical Quarterly, Master Brew. Assoc. Am.*, **17**, 61 (1981)
9) 井上 喬：醸協, **82**, 87 (1987)
10) K. Nakanishi *et al.* : European Brew. Conv., Proc. 1985, p. 331
11) T. Inoue : *Technical Quarterly, Master Brew. Assoc. Am.*, **35**, 115 (1998)

索　引

和　文

ア　行

青カビチーズ　115
赤ワイン　5, 99
アセチル CoA　36, 40, 41, 45
アセチルプロピオニル　27
アセチルリン酸　45
アセテーター法　108
アセトインリダクターゼ　38
アセト乳酸合成酵素　36, 37, 38, 42, 60, 69, 70, 76
アセト乳酸合成酵素欠損変異株　70, 76
アセト乳酸脱炭酸酵素　38, 46, 75, 76, 80, 111, 122
アセトン　118
アニオン交換樹脂　17
アニリン塩酸　18, 23
アプリコットワイン　99
アミノ酸透過酵素　74
アラニン　38
亜硫酸　11, 99, 102
アルギン酸プロピレングリコールエステル　117
アルコール酢　106
α化米　105

異常発酵　68
イソクエン酸脱炭酸酵素　43
イソ酵素　76
遺伝子組み換え酵母　52
遺伝子組み換え　76, 122

ヴィネガー　105
Westerfeld 法　9, 28
West 法　8, 10, 53

液体クロマト法　12, 17
エステル　79
エチルアセチルカルビノール　30
エッセンス　121
NADH オキシダーゼ　44
NADH パーオキシダーゼ　44
エネルギー代謝　69
エメンタールチーズ　115
エール　53
塩析クロマト法　17

大麦　55, 70
オキザロ酢酸　44, 102, 110
屋外設置型発酵タンク　51, 52
汚染臭　5
落泡　91, 95
滓下げ　94
滓引　94, 102, 108
オールモルトビール　57, 71, 73
オルレアン法　108

カ　行

加圧　79
櫂入れ　95
過酸化　107, 110, 111
過酸化水素　97, 120
果実酢　104
粕酢　105
カゼイン　113, 114
カタラーゼ　98
活性炭　98
カテージチーズ　5, 113, 115
カード　114
ガラクトース　40
カラメル　55
カルピス　120
カルボキシメチルセルロース　117
カルボリガーゼ　39
甘性バター　117

索引

ギ酸　　120
キシルロース-5-リン酸　　45
生酛　　87
キャビテーター法　　108
球状乳酸菌　　50
凝集剤　　88
凝集性　　71, 81
共生　　120
菌体外酵素　　80

クエン酸　　102, 103, 110, 119, 121
クエン酸資化　　122
クエン酸透過酵素　　122
クエン酸リアーゼ　　44, 103
グリセリン　　99
クリーム　　114, 120
クリームチーズ　　6, 113, 115
クレアチン　　8, 9
クロイゼン　　81
黒酢　　105
黒ビール　　53

蛍光分析　　10
結合型ジアセチル　　11
2-ケト酪酸　　37
ケフィール　　117
減圧蒸留法　　15
原核生物　　46
原料品質　　62

硬化剤　　117
麹づくり　　87
合成酢　　104
抗生物質　　119
酵母エキス　　120
酵母接種濃度　　60
呼吸能欠損　　72
呼吸能欠損変異株　　38
穀物酢　　104
固定化酵母　　52, 79
固定化　　80, 108
粉ミルク　　113
コーヒー　　4

小麦　　55
米　　55
米焼酎　　123
コーン　　55
混濁性タンパク質　　79

サ 行

細菌臭　　89
酢酸エチル　　118
酢酸菌　　47, 76
酒粕　　105
サッカロマイセス　　33
ザルチナ病　　50
サワークリーム　　113, 114
酸化還元色素　　19
酸処理　　15
産膜酵母　　100, 107

ジアセチル　　3, 29
　──臭　　5
ジアセチル還元能　　64, 80
ジアセチル休止　　78, 79, 82, 83, 123
ジアセチル高生成菌　　122
ジアセチルリダクターゼ　　36, 38, 45, 46, 108, 118, 122
ジアルキルグリオキシム　　8
シェイビング　　108
ジェネレーター　　108
シェリー　　100
自家発酵　　74
自己消化　　39, 82
シッフの塩基　　8
シードル　　5, 101
2,4-ジニトロフェニルヒドラジン　　17
脂肪球　　114
試薬　　4, 25
Gjertzen 法　　8, 10
従来型発酵　　52, 84
熟成　　58
熟成臭　　5
熟成チーズ　　113
純米酒　　88
醸造期間短縮　　64, 79

索　引

上槽　　88, 94, 93, 96, 97
醸造酒　　124, 104
醬油　　39, 123
蒸留酒　　24
蒸留酢　　106
触媒　　80
シリンドロコニカルタンク　　51, 52, 77, 82, 83
白カビチーズ　　115
シロップ　　55
白ワイン　　5, 99
深部発酵　　108

水圧　　72
水蒸気蒸留　　8, 124
スタウト　　53
スターター　　101, 107, 115, 118
スライム　　115
スレオニン　　37

生菌率　　66
生合成　　42
清酒　　36, 39
清澄化　　93, 107, 108
生乳　　113
精白　　87
製品化　　35
ゼオライト　　81
全ジアセチル　　29, 54, 82
全ダイアセチル→全ジアセチル
全窒素　　82

増醸酒　　88
増醸法　　89
増殖不良　　82
速醸　　70
速醸法　　58, 83
速度定数　　22

タ　行

ダイアセチル→ジアセチル
大吟醸　　87
高泡　　91

脱脂乳　　114, 116
樽熟成　　100
タンクの形状　　71, 73
炭酸ガス　　70
淡色ビール　　49
タンパク質　　57
タンパク質工学　　80
タンパク質分解酵素　　57, 79

チアミンピロリン酸　　46, 80
チャーニング　　116, 121
中国　　6
調合　　108

通気量　　60, 72
漬物　　39
壺酢　　105
つわり香　　5, 87, 88, 94, 96, 97, 106

低アルコール　　95
TCAサイクル　　43
デザートワイン　　100
鉄　　122
鉄ポルフィリン　　121
電子伝達系　　43
電子捕獲式検出器　　1, 12, 13
伝統的発酵法　　78

糖化　　57
透過酵素　　60
同族体　　27, 29, 54
銅　　121, 122
トータルダイアセチル→全ジアセチル
留　　90, 91

ナ　行

内部標準物質　　25
ナチュラルチーズ　　115
ナットウ菌　　46, 123
納豆　　123, 124
α-ナフトール　　8, 9
生ビール　　2, 58

乳酸飲料　6
乳酸菌飲料　116, 117
乳酸脱水素酵素　40, 44, 47, 102, 110, 121
乳清　114
乳糖　114
ニューバイオテクノロジー　52

濃縮酢　106

ハ 行

麦芽　55, 56
麦芽酢　111
麦芽糖　56
麦芽発泡酒　49, 53, 57, 70
麦汁組成　71
パストゥリゼーション　55
バターミルク　113, 114
発酵異常　82
発酵温度　60
発酵臭　6
発酵バター　5, 45, 113, 114, 115
発泡性ワイン　100
早搾　94
バルサミコ酢　111
パン　123

火入れ　88, 94
冷込香　89
火落　88, 94
火落香　5
被還元速度　66
非熟成チーズ　113, 115
比色定量分析　4, 10, 27
比色分析法　7, 8, 22
表面発酵　107
ピルスナータイプ　49
ピルビン酸-ギ酸リアーゼ　44
ピルビン酸脱水素酵素　44
ピロロキノリンキノン　47, 108, 109

ファージ　119
フィードバック・インヒビション　37, 47

o-フェニレンジアミン　8
副原料　57, 70
福山酢　105
腐造　89
2,3-ブタンジオール　44, 46, 64
普通酒　87
普通醸造酒　88
ブドウ果汁　100
ブドウ酢　105
不飽和脂肪酸　70
浮遊性　71
フラクトース-2-リン酸　40, 44
ブランデー　100
不良酢酸菌　107
Prill-Hammer 反応　8, 10
プロセスチーズ　115
Broad spectrum 法　8, 9
プロピオン酸　115
プロリン　70
分解速度定数　21, 65, 83
分別定量法　34

2,3-ヘキサンジオン　12, 25, 128
ヘッドスペース・ガスクロマト法　16, 17
ヘッドスペースガス　128
ヘッドスペース法　12
ペディオコッカス　81
ヘテロ発酵型　40, 81, 96
pH8 アセト乳酸合成酵素　42
pH6 アセト乳酸合成酵素　42, 47
ヘムタンパク　121
ベルモット　100
変異株　75, 76
ペントース　40
弁別閾値　5, 28, 53, 68, 77, 123

ホエー　114, 115
Voges-Proskauer 反応　8, 9, 16
保存安定性　25
ホモ発酵型　40, 81
Hooreman 法　8
本醸造酒　88

索 引

マ 行

前処理法　22
マグネシウム　46, 80
マロラクティック酵素　102
マロラクティック発酵　45
マンガン　45, 119, 120

Micro 法　8, 9
味噌　39, 124

むれ香（臭）　5, 106

メイラード反応　123
メタカリ　99, 103

酛　87
モノヨード酢酸　24
モリブデン　122
モルトウイスキー　123
醪工程　90, 94

ヤ 行

山廃酛　87

ＵＶ法　8, 9

溶存酸素　20, 21, 23, 120
ヨーグルト　6, 113, 117, 120
米酢　6, 104, 111

ラ 行

ラクトバチラス　81

流下発酵　107
リン光検出器　12
リン光分析　7
リンゴ酸酵素　102
リンゴ酒　5
リンゴ酢　104, 105, 111

類縁化合物　26, 52

連続仕込み　50
連続発酵　50, 107, 108, 117
レンネット　114

ワ 行

若麹　94
ワーキング　116
ワンタンクシステム　79

欧 文

A
Acetobacter pasteurianus(xylinum)　107
Aerobacter　47
B
Bifidobacterium　119, 120
H
Hard cider　105
L
Lactobacillus　101
　── *acidophilus*　119, 120
　── *bulgaricus*　118, 119
　── *casei*　45
Lactococcus　40
　── *cremoris*　118
　── *diacetylactis*　40, 41, 44, 116, 118
　── *lactis*　118
　── *lactis* subsp. *lactis biovar. diacetylactis*　39
Leuconostoc　45, 119
　── *oenos*　101, 102
N
NAD　44
NADH　39, 44, 46, 60, 69, 71, 121
P
Pediococcus　101
S
Schizosaccharomyces　101
Soft cider　105
Streptococcus thermophilus　118
Sulfometuronmethyl　76

T

Total diacetyl 54

V

VDK 3, 29

【著者紹介】

井上 喬（いのうえ たかし）

1935年　東京都に生まれる.
1959年　東京大学農学部農芸化学科　卒業.
同　年　キリンビール株式会社に入社.研究所勤務.
1984年　ビール科学研究所所長
1995年　同社退職
同　年　秋草学園短期大学　現在に至る.

1977年　「ビールのダイアセチルに関する研究」にて農学博士号を取得.
1997年　全北米大陸醸造者協会（MBAA）より功績賞受賞.

〈公的な委員・活動など〉

日本醸造協会評議員，前MBAA技術委員会アジア地区代表委員，前Institute of Brewing, Asia Pacific Section日本代表委員.

〈主な著書〉

『やさしい醸造学』（単著），工業調査会，1997年
『お酒の話』（共編著），学会出版センター，1994年
『Recent Advances in Japanese Brewing Technology』（共著）Gordon and Breach Scientific Publishers, 1992年
『ビールのうまさをさぐる』（共著），キリンビール株式会社編，裳華房，1990年
など.

〈著者メールアドレス〉

diacetyl@mx10.ttcn.ne.jp

ジアセチル—発酵飲食品製造のキーテクノロジー

2001年4月20日　初版第1刷発行

著者　井　上　　　喬
発行者　桑　野　知　章
発行所　株式会社　幸　書　房

東京都千代田区神田神保町1－25
電話 東京 03(3292)3061(代表)
振替口座 00110－6－51894番

Printed in Japan　2001©

三美印刷(株)

本書を引用または転載する場合は必ず出所を明記してください.
万一，乱丁，落丁がございましたらご連絡下さい．お取り替えいたします．

ISBN 4-7821-0184-8 C 3058